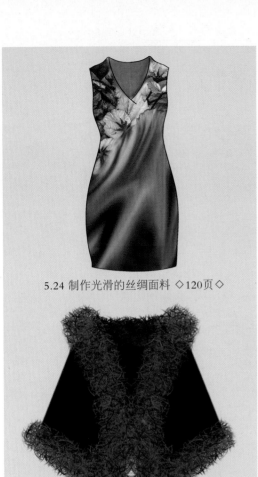

5.24 制作光滑的丝绸面料 ◇120页◇

6.5 绘制皮草披肩 ◇133页◇

5.20 制作扎染面料
◇117页◇

7.5 动漫风格——少女装

动漫风格的时装画适合表现童装、少男少女服装。其表现形式主要分为冷峻、可爱和搞笑3种。在用线、用色、造型、构图等技巧上，不同的作者有着迥然不同的表达方法。

165页

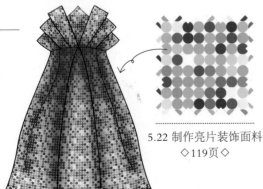

5.22 制作亮片装饰面料
◇119页◇

5.5 制作泡泡纱面料
◇95页◇

8.10

画笔与效果——公主裙

晕染是从中国画和水彩画中汲取的一种绘画手法。"晕"是指用水将颜色扩散，使色彩逐渐变淡；"染"则是指两种颜色之间的过渡。晕染法的主要特点是通过水的调和来柔和画面效果，营造柔美朦胧的意境，因此其关键在于水（效果表现）的运用。 210页

2.4.5 水彩笔 **34页**

服装设计

7.6 装饰风格——服装插画 **170页**

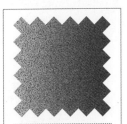

5.21 制作发光面料
◇118页◇

8.5

概括法——时尚与简约

由于简洁的线条和造型能将模特的姿态和动态表现得更加生动、独特，因此，简约、清晰的风格，可以使时装画更显干净利落、简练而富有时尚感。此种风格的时装画在色彩运用上，也通常简约而不失鲜明，以突出服装的色彩搭配。 192页

2.4.3 蜡笔/2.4.4 马克笔 33页/34页

8.11 双笔尖绘画——拓印效果 216页

8.2

参照法——将图片转换成时装画

在参考图片上绘制线稿，这种绘画练习方法有助于培养造型能力，快速提升表现力。本实例绘制时主要使用钢笔工具，再通过两种不同的笔尖进行描边，使线条富于变化，模拟手绘效果。面料的制作使用了滤镜，并通过变形处理，使之依照服装的立体结构产生扭曲。 **180页**

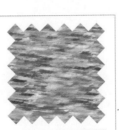

5.9 制作摇粒绒面料
◇100页◇

7.2 写实风格——中式旗袍 151页

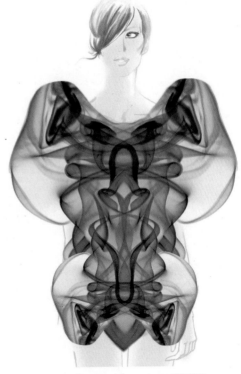

5.11 制作毛线编织面料1
◇103页◇

5.26 制作轻薄的纱质面料 122页

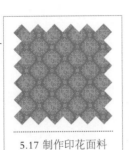

5.17 制作印花面料
◇114页◇

5.23 制作柔软的天鹅绒
面料 ◇120页◇

8.7
透明技巧——水彩效果晚礼服

本实例主要使用"半湿描油彩笔"笔尖表现笔触效果，通过调整画笔的"大小""不透明度"和"流量"，绘制出水彩风格的时装画。这种方法能在保持颜色透明特性的同时，体现笔触的叠加效果。在为裙子着色时，需要将墨渍素材定义为画笔，以便增强画笔工具的表现力。198页

Gallery

2.5.1 （36）页

调整工具的不透明度

8.8 （202）页

灵活运用画笔——
水粉效果休闲装

8.3 （186）页

模板法——
基于人物模板快速创作

7.4 （162）页

夸张风格——

运动女装

夸张风格的特点是突出表现服饰的局部细节或人体的局部特征，如
夸张的人体比例、人体动态、脸部五官等，以突出主题、强调服装
的特征并营造绘画风格。夸张的一般规律是：长的更长（如模特的
小腿），小的更小（如模特的头），柔软的更加柔软（如丝绸的质
感），均匀的更加均匀（如大面积的色泽）。

8.9
制作彩铅线条——舞台服

本实例主要使用画笔工具绘制模特，再对素材图片应用滤镜进行处理，作为服装面料的贴图使用。制作出模特整体效果后，使用"彩色铅笔"滤镜对图像进行处理，使画面初步具备手绘效果。再用载入的画笔素材绘制出一排排的铅笔线条，使彩铅效果更加逼真。 205页

5.14 制作蛇皮面料
◇107页◇

5.7 制作迷彩面料
◇97页◇

8.4

绘画与合成——

巧用素材

将Photoshop的图像合成功能与绘画工具结合制作时装画，能突破传统制约，增强设计的表现力，创造出独特且充满想象力的作品。尤其能节省绘画时间，设计图稿的修改和调整也更加灵活和方便。　189页

3.4 衬衫款式图（55页）

3.5 毛衫款式图（60页）

4.6 制作四方连续图案（82页）

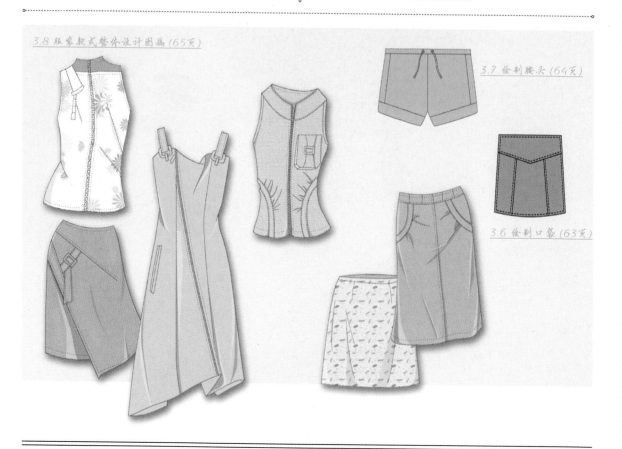

3.8 服装款式整体设计图稿（65页）

3.7 绘制腰头（64页）

3.6 绘制口袋（63页）

4.3 制作单独纹样 75页

4.5 制作几何图形四方连续图案 80页

4.7 用图案预览功能制作四方连续 83页

4.4 快速生成二方连续图案 78页

4.9 为衣服贴图案 87页

4.8 制作海水纹样并创建图案库 85页

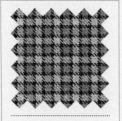

5.27 制作厚重的粗呢面料 ◇124页◇

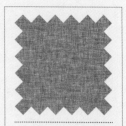

5.28 制作粗糙的棉麻面料 ◇125页◇

5.4 制作派力斯面料 ◇94页◇

5.15 制作豹皮面料 ◇109页◇

5.13 制作裘皮面料 ◇105页◇

5.12 制作毛线编织面料2 ◇104页◇

5.19 制作蜡染面料 ◇116页◇

5.8 制作牛仔布面料 ◇99页◇

8.6 再现真实笔触——马克笔效果休闲装

马克笔又称麦克笔，其特点是风格洒脱、豪放，适合快速表现构思。表现马克笔绘画效果时，应体现出运笔的力度，笔触要果断，作画时还要适当留出空白。194页

2.6.3 融合颜料 39页

5.10 制作绒线面料
◇101页◇

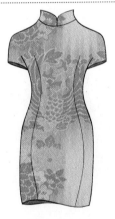

5.18 制作印经面料
◇115页◇

5.16 制作孔雀图案面料 ◇112页◇

服饰配件
Clothing & Accessories

6.2 绘制腰带（129页）

6.10 制作钻石胸针（141页）

6.4 绘制棒球帽（131页）

6.6 绘制珍珠（134页）

6.9 制作铂金耳环（139页）

6.3 绘制领带（130页）

6.7 制作时装眼镜（135页）

6.11 制作金镶玉项链（142页）

6.8 制作皮革质感女士钱包（138页）

6.1 绘制水晶鞋（126页）

6.12 制作翡翠戒指（145页）

5.6 制作薄缎面料
◇96页◇

8.1
临摹法——向大师学习

这幅时装画人物动态优雅、时尚感强。临摹时先使用钢笔工具绘制轮廓，再通过画笔描边来表现线条。调整笔尖参数时，对"形状动态"使用了渐隐设置，使线条能够呈现由重到轻、如行云流水般自然流畅的效果。 174页

5.25 制作透明的蕾丝面料 ◇121页◇

5.3 制作方格棉面料 ◇91页◇

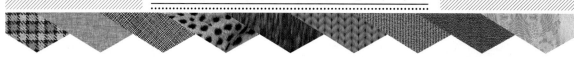

实例素材+效果文件

01 全部实例的素材文件和效果文件。

画笔库

02 近千种画笔资源，让绘画更加得心应手。

样式库

03 单击样式，便可生成宝石、不锈钢、霓虹灯、水滴等真实质感。

图案库

04 89种图案，服装设计、纹样制作好帮手。

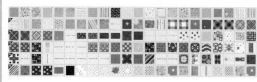

形状库

05 好看的图形拿来即用。

渐变库

06 500种超酷渐变，让色彩斑斓绚丽。

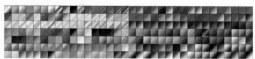

139个视频教学文件

07 赠送《Photoshop视频教学65例》和《Illustrator视频教学74讲》视频教学文件。

7个设计类电子文档

08

   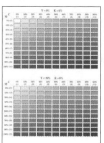

UI 设计配色方案

网店装修设计配色方案

突破平面

平面设计与制作

李金蓉 / 编著

Photoshop

（第2版）

服装设计
技法剖析

清华大学出版社
北京

内容简介

本书介绍如何运用Photoshop进行服装设计。书中以线稿绘制为起点，通过丰富的实例和详细的讲解，揭示款式图、图案、面料和服饰配件的绘制方法，以及时装画的风格表现和特殊技法，全面地展现Photoshop服装设计流程和绘画技巧。

本书重点剖析Photoshop画笔和笔尖，详细介绍其基本特性和变化控制技巧。为了实现传统绘画的逼真效果，书中提供了众多方法，可以惟妙惟肖地模拟马克笔、水彩、水粉、素描铅笔、彩色铅笔、蜡笔等各种笔触及其绘画效果，帮助用户掌握透明度变化、色彩融合、颜色晕染和渗透等效果的表现技巧。书中还归纳了几种提高时装画技能的方法，包括临摹法、参照法、模板法和概括法等实用技巧，协助用户实现创意，达到新的创作高度。

本书配套资源包含全部实例的素材和效果文件，并附赠近千种画笔库、图案库、图形库、样式库和渐变库，7个设计类电子文档，以及139个Photoshop和Illustrator入门教学视频。

本书适合高等院校服装专业学生，服装设计从业者和想要从事服装设计工作的人员学习使用，也可作为相关院校和培训机构的教材。

图书在版编目（CIP）数据

突破平面Photoshop服装设计技法剖析 / 李金蓉编著. -- 2版. -- 北京 ：清华大学出版社，2023.8
（平面设计与制作）

ISBN 978-7-302-64289-3

Ⅰ. ①突… Ⅱ. ①李… Ⅲ. ①服装设计－计算机辅助设计－图像处理软件 Ⅳ. ①TS941.26

中国国家版本馆CIP数据核字(2023)第139144号

责任编辑：陈绿春
封面设计：潘国文
责任校对：胡伟民
责任印制：宋林

出版发行：清华大学出版社
网　　　址：http://www.tup.com.cn，http://www.wqbook.com
地　　　址：北京清华大学学研大厦A座　　邮　　编：100084
社 总 机：010-83470000　　　　　　　邮　　购：010-62786544
投稿与读者服务：010-62776969，c-service@tup.tsinghua.edu.cn
质 量 反 馈：010-62772015，zhiliang@tup.tsinghua.edu.cn
印 装 者：三河市天利华印刷装订有限公司
经　　销：全国新华书店
开　　本：188mm×260mm　　印　张：14　　插　页：8　　字　数：510千字
版　　次：2014年10月第1版 2023年10月第2版　　印　次：2023年10月第1次印刷
定　　价：88.00元

产品编号：094292-01

前言

  服装设计是Photoshop应用领域的一个重要分支，其功能和技术也自成体系。在服装设计实践中，Photoshop工具的使用比较简单，笔尖选择和参数设定才是关键。原因在于，任何一种笔触和绘画效果，都需要特定的笔尖描绘出来。这其中会有很多考量，例如，所要表现的效果用哪类笔尖绘制才恰如其分，笔迹的浓淡干湿如何呈现，颜色怎样混合才更真实和自然，等等。书中第2章会对此进行介绍。

  毋庸置疑，用Photoshop绘画同样要求造型准确，这有赖于用户扎实的手绘功底，靠的是个人修为。Photoshop在服装设计中所承担的任务，即表现哪个画种，如水彩、水粉、丙烯画等；呈现怎样的绘画效果，如马克笔、铅笔、蜡笔等，能否惟妙惟肖，甚至以假乱真，则是本书重点关注和探讨的，第2、7和8章都与此有关。除此之外，本书还布置了大量行业技能型实例，从绘制线稿、款式图、制作图案和面料，到绘制服饰配件、时装画等，涵盖了Photoshop服装设计的方方面面。

  中国传统绘画讲究"三分画，七分裱"，强调了画外功夫的重要性。在Photoshop服装设计领域，这个比例需要颠倒一下，即绘画占七分，软件使用技巧占三分。在绘画过程中，需要表现笔触叠加、色彩渗透、颜色晕染等诸多效果，以及纸张纹理、颜料颗粒等真实细节，为了实现这些效果，必须熟练运用各种Photoshop技术手段。因此，技巧起到的不仅仅是锦上添花的辅助作用，甚至能够决定一幅作品的成败。相关内容参见第7、8章。

配套资源

  本书相对于上一版在内容上进行了充实和改进，还添加了许多实例，以涵盖更广泛的主题。其中的一些实例结合了最新的Photoshop技术，展示了如何在服装设计中实现更出色的效果。

  本书配套资源请扫描右侧的二维码进行下载。如果在下载过程中碰到问题，请联系陈老师，联系邮箱：chenlch@tup.tsinghua.edu.cn。如果读者在学习过程中遇到问题，请扫描右侧的二维码，联系相关技术人员解决。

技术支持

编者

2023年9月

目录

第1章 计算机服装设计基础

1.1 服装设计的绘画形式

服装设计的绘画形式有两种，即时装画和服装效果图。时装画强调绘画技巧和设计的新意，突出艺术气氛与视觉效果；服装效果图则注重服装的着装具体形态及细节的描绘，以便于在制作中准确把握，保证成衣在艺术和工艺上都能完美地体现设计意图。

1.1.1 时装画的起源

时装画是一种源远流长的艺术形式，起源可追溯到文艺复兴时期，在那时，已有刊物通过时装插画反映宫廷的着装。

随着时间的推移，时装画的形式不断发展。在17世纪出版的杂志《美尔究尔·嘎朗》中，开始以铜版画的形式刊登时装画，这一时期的时装画已经包含了对服装设计流行趋势的预测，并为人们提供流行的服装样式。

18世纪，在欧洲、俄罗斯和北美，时装概念开始通过报纸和杂志传播。1759年，第一幅被记入历史的时装画发表于《女性杂志》。

19世纪后期，随着照相凸版印刷技术的诞生，出现了专业的时装杂志，这些杂志成为时装画的主要刊载媒介，时装画也逐渐形成和完善起来。图1-1所示为查尔斯·达纳·吉布森在19世纪90年代为《时代周刊》《生活》等杂志创作的吉布森女郎，成为了时装画的经典形象，影响了当时的时尚潮流。这个人物形象被演化成舞台角色，用于宣传产品，甚至被写进歌词中。女士们纷纷效仿吉布森女郎的服饰、发型及举止，真实地反映了时装画在当时的影响力。

到了20世纪，时装画的发展更加多元和多样化。广告业的发展、插画的广泛流行、艺术思潮和艺术形式的活跃，以及电脑绘画技术的出现，都为时装画带来了新的风格和技术手段。同时也涌现出许多知名的时装画家，如法国的安东尼·鲁匹兹、埃尔代、埃里克、勒内·布歇，意大利的威拉蒙蒂，美国的史蒂文·斯蒂波曼、罗伯特·扬，日本的矢岛功，英国的David Downton，西班牙的Arturo Elena等，他们虽然不像时装设计师那样被大众所熟悉，但他们深厚的艺术造诣，以及在时装画中创造出来的曼妙意境，令人深深折服，如图1-2和图1-3所示。时装

图1-1

画也以其特殊的极具美感形式成为了一个专门的画种，如时装广告画、时装插画、时装效果图、商业时装设计图等。

David Downton作品
图1-2

Arturo Elena作品
图1-3

1.1.2 时装画的特点

与其他绘画艺术相比，时装画具有实用性和欣赏性双重属性。一方面，时装画属于实用艺术范畴，是服装设计的表达方式之一，因而不同于纯绘画，也不是纯粹的艺术欣赏；另一方面，时装画需要借助绘画手段来展示服装的整体美感，具有一定的艺术审美价值，这种特殊性形成了其特有的艺术语言和内涵。图1-4所示为强调实用性的时装画，图1-5所示为突出艺术氛围的时装画。

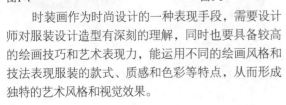

图1-4   图1-5

时装画作为时尚设计的一种表现手段，需要设计师对服装设计造型有深刻的理解，同时也要具备较高的绘画技巧和艺术表现力，能运用不同的绘画风格和技法表现服装的款式、质感和色彩等特点，从而形成独特的艺术风格和视觉效果。

在时装画中，设计师常常通过人物形象来展示服装的美感，强调服装与人体的融合效果。此外，时装画也可以通过背景和场景来突出服装的主题，营造独特的时尚氛围。

时装画不仅可以在时尚杂志、广告和展览中使用，还成为服装设计师的重要工具之一。设计师通过时装画表达自己的设计理念和创意，从而更好地与客户沟通。时装画也能帮助设计师更好地把握服装的整体效果和搭配方式，提高设计的成功率。

1.1.3 服装设计效果图的特点

服装设计效果图是服装设计师用来预测服装流行趋势、表达设计意图的重要媒介。它最初被用于记录当时社会流行的服装样式，经过时间的发展和演变，逐渐形成了具有独特特点的艺术形式。

服装设计效果图具有多种功能。首先，它有助于生产部门理解设计意图，使生产过程更加顺畅；其次，可以为客户提供流行信息，为服装广告和时装展示传播信息；通过专业性的刊物、杂志、网络等传媒载体，服装设计效果图还能为服装厂商和销售商带来促销作用。

优秀的服装设计效果图具备两个特点：一是极佳的设想构思，这是成功创作的关键。设计师需要有丰富的时尚经验和独特的创意，将他们的构思融入设计中。二是服装设计效果图需要体现设计师扎实的绘画功底。设计师需要有良好的绘画基础，能运用各种绘画技巧，使服装设计效果图更加真实、生动，如图1-6和图1-7所示。

图1-6   图1-7

好的服装设计效果图还应干净、简洁、有力、悦目、切题，能代表设计师的工作态度、品质与自信力。要指出的是，服装设计效果图的艺术性从属于实用性，不同于时装画，设计师应该在表达设计意图方面下功夫，而非仅仅追求画面的艺术效果。

1.2 服装设计传统绘画技法

人类最早的绘画产生于旧石器时代晚期，距今已有上万年。在经历了史前美术、古代美术、中世纪、文艺复兴、17-19世纪美术，到现代美术等阶段，绘画工具、表现形式、技法和技巧等不断地成熟和演变，为服装设计和绘画提供了足够多的经验。

1.2.1 勾线

线是服装绘画造型的重要基础，可以准确地展现服装的细节特征，表现模特的性格和表情。有着虚实、转折、顿挫变化的线条会使画面更加生动，如图1-8和图1-9所示。

图1-8　　　　　　　图1-9

1.2.2 单色铅笔

绘图铅笔、炭笔和木炭条等都属于单色铅笔。它们在表现服装与人物的结构、明暗、空间和质感等方面有着独特的优势。此外，还具有其他绘画材料不具备的特性——可修改性。

绘图铅笔既可以细致入微地刻画，例如，运用素描方法，由线条排列形成块面，表现细腻、写实、逼真的效果；也能进行大胆而粗犷的勾勒，例如，绘制草图、表现人体和服装的轮廓线，如图1-10所示。

炭笔是最古老的绘画材料，灵活而富有

图1-10

表现力，可以快速、直观地表现设计师的想法。炭笔能赋予线条柔和、阳刚、果断、谨慎、流畅、迟滞、干练、羞怯等性格特点。木炭条可以干擦和涂抹，非常适合营造光影效果。

1.2.3 彩色铅笔

彩色铅笔可以画出很多效果。在不使用溶剂的情况下，彩色铅笔的色调会变深，能呈现由纸张颗粒摩擦所产生的柔和效果。使用水或松节油在没有被颜料覆盖的区域涂抹，则可模拟水彩画的晕染效果。彩色铅笔还可以与其他技法结合使用。例如，在马克笔或水彩颜料上用铅笔刻画细节，就是一种常见的时装画表现技法，如图1-11~图1-14所示。

图1-11　　　　　　　图1-12

图1-13　　　　　　　图1-14

1.2.4 马克笔

　　马克笔是绘制时装画最便捷的工具,具有色彩亮丽、笔触明显、携带方便等特点,非常适合快速表现构思。设计师可以用最简洁的线条和色彩体现面料和质感,展现独特的风格和艺术感染力,如图1-15和图1-16所示。

图1-15　　　　　　　　　图1-16

　　马克笔擅长营造层叠效果,与铅笔组合使用,能产生丰富的色调和肌理,如图1-17和图1-18所示。

图1-17　　　　　　　　　图1-18

1.2.5 蜡笔

　　蜡笔质地柔软,能绘制粗犷、醒目的线条,如图1-19所示。适合表现针织或花呢等纹理粗糙的面料,也可以表现蜡染效果。蜡笔往往是结合水彩或水粉进行绘画,即先用蜡笔进行勾勒,再使用水彩或水粉铺色,如图1-20所示。

图1-19　　　　　　　　　图1-20

1.2.6 水彩

　　水彩画的特点是以薄涂保持其透明性,产生晕染、渗透、叠色等特殊效果,可以生动地表现面料质地和色彩变化,尤其是轻薄柔软的丝绸和薄纱等面料,如图1-21~图1-24所示。

图1-21　　　　　　　　　图1-22

图1-23　　　　　　　　　图1-24

1.2.7 水粉

水粉是一种不透明的颜料，具备透明水彩所没有的厚重感，可以细致地再现面料的真实质感，形成较强的写实风格，如图1-25所示。尽管水粉具有不透明属性，但可以涂得很薄，形成透明的颜料层。

图1-25

1.2.8 色纸

在色纸上绘画，可以利用色纸固有的颜色表现服装面料或人物皮肤的色彩，如图1-26和图1-27所示。水粉颜料在色纸上能产生很好的效果，纸面的颜色可以从颜料下隐约透出，或者和颜料并存于画中。

图1-26   图1-27

1.3 Photoshop快速入门

本节从数字图像的原点出发解读图像和图形的概念及各自特点，之后介绍Photoshop的工作界面、工具、面板和命令，讲解图像查看及文件的操作方法，为后面深入学习Photoshop服装设计实例打好基础。

1.3.1 图像与图形

1. 位图

计算机数字图像有两种，即位图和矢量图。位图的来源及使用较为广泛，网络上的图片、数码相机和手机拍摄的照片、扫描仪扫描的图片、用Photoshop生成的图像等都属于位图。

位图在技术上称为栅格图像，是由像素（Pixel）构成的。通常情况下，像素的"个头"非常小。以A4纸大小的海报为例，在21厘米×29.7厘米的画面中，可包含8 699 840个像素。将视图比例调到足够大，画面变为马赛克状方块以后，才能看清单个像素（一个方块便是一个像素），如图1-28所示。

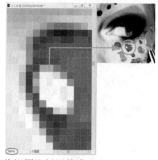

左图视图比例为100%。将视图比例调整为3200%后（右图），可以看清单个像素

图1-28

在Photoshop中处理图像时，编辑的就是这些"小方块"，图像发生任何改变，都是这些"小方块"变化的结果。

像素"个头"大小是可变的，这取决于分辨率。

分辨率用像素/英寸（ppi）来表示，意思是一英寸（1英寸=2.54厘米）的距离里有多少个像素。分辨率为10像素/英寸，就表示一英寸的距离里有10个像素，如图1-29所示；20像素/英寸表示一英寸距离里有20个像素，如图1-30所示。分辨率越高，一英寸的距离里包含的像素就越多，像素的"个头"也就越小，其总数会增加。由于图像信息都是由像素记录的，因此，像素越多，图像信息越丰富，画质越细腻。

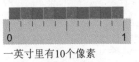

一英寸里有10个像素
图1-29（此图非原大）

一英寸里有20个像素
图1-30（此图非原大）

位图可以再现丰富的颜色变化、细微的色调过渡和清晰的细节，完整地呈现真实世界中的所有色彩和景物，这也是它成为照片标准格式的原因。由于受分辨率的制约，位图中只能包含固定数量的像素。对其进行放大和旋转时，多出的空间需要新的像素来填充，而Photoshop无法生成原始像素，只能通过插值丰富模拟出新的像素，而这会造成图像没有原来清晰，也就是通常所说的图像变虚了，这是其最大缺点。

2．矢量图

矢量图（也叫矢量形状或矢量对象）是由称作矢量的数学对象定义的直线和曲线构成的。矢量图与分辨率无关，无论怎样旋转和缩放都能保持清晰不变。

Photoshop中的矢量工具可以绘制矢量图，如图1-31所示。矢量图可填色和描边，如图1-32所示。也可以执行"图层"|"栅格化"|"图层"命令转换成位图。

图1-31   图1-32

1.3.2 Photoshop工作界面

运行Photoshop后，首先显示的是主页。在此可以创建和打开文件，也可以了解Photoshop的新增功能及搜索资源。按Esc键关闭主页，或在主页中打开、新建文件后，会进入Photoshop工作界面。

1．Photoshop界面

Photoshop的工作界面由文档窗口、菜单栏、工具选项栏和各种面板组成，如图1-33所示。默认的界面是黑色的，按Alt+Shift+F2（由深到浅）和Alt+Shift+F1（由浅到深）快捷键可调整其亮度。

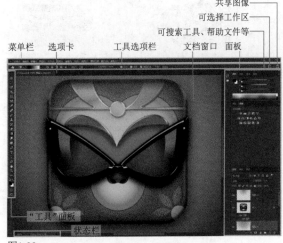

图1-33

2．菜单

Photoshop中有11个菜单，包含了可执行的各种命令。带有黑色三角标记的命令包含级联菜单，如图1-34所示。有些命令右侧附有快捷键，例如，按Shift+Ctrl+N快捷键可以执行"图层"|"新建"|"图层"命令。

图1-34

在画板上、包含图像的区域，或面板上右击，可以打开快捷菜单，如图1-35和图1-36所示。快捷菜单中的命令与当前所选工具、面板或进行的操作有关。

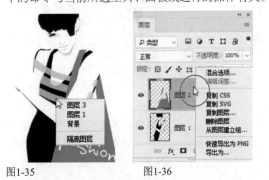

图1-35   图1-36

3．工具

单击"工具"面板中的一个工具，即可选择该工具，如图1-37所示。右下角带有三角形图标的是工具组，在其上方长按鼠标左键可以显示隐藏的工具，如图1-38所示；将光标移动到隐藏的工具上，然后释放鼠标左键，可选择这一工具，如图1-39所示。

图1-37　　图1-38　　　　　　　图1-39

选择一个工具后，可以在工具选项栏中设置其属性，修改工具的用途、性能和使用方法。图1-40所示为渐变工具 的选项栏。

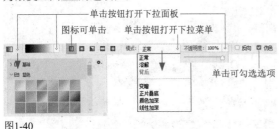

图1-40

4．面板

面板用于配合编辑图像、设置工具参数和选项。所有面板都可通过"窗口"菜单打开。

默认状态下，面板以选项卡的形式停靠在窗口右侧，如图1-41所示。单击面板的名称，可显示面板中的选项，如图1-42所示。单击面板组右上角的 按钮，可将面板折叠为图标状，如图1-43所示。单击图标可以展开相应的面板，再次单击，可将其关闭。

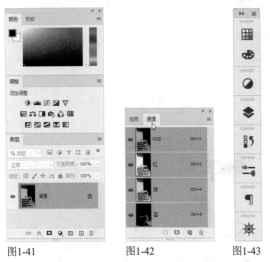

图1-41　　　　　图1-42　　　　　图1-43

拖曳面板左侧边界调整其宽度，面板名称会显示出来，如图1-44所示。将光标放在面板的标题栏上，向上或向下拖曳，可以调整面板的组合顺序，如图1-45所示。如果向文档窗口中拖曳，则可将其从面板组中分离出来，使之成为可以放在任意位置的浮动面板，如图1-46所示。

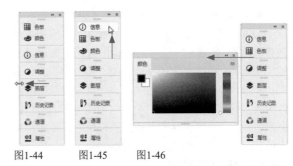

图1-44　　　　图1-45　　　　图1-46

单击面板右上角的 ≡ 按钮，可以打开面板菜单，如图1-47所示。菜单中包含与当前面板有关的各种命令。在面板的标题栏上右击，可以弹出快捷菜单，如图1-48所示，执行"关闭"命令，可以关闭当前面板。

图1-47　　　　　　　图1-48

技巧

执行"窗口"|"工作区"|"绘画"命令，可以切换到专为绘画用户设计的工作区。在这一工作区中，只显示与绘画有关的面板，不相关的面板会被关闭，这样就免去了用户自己动手调整的麻烦。

1.3.3　查看图像

在Photoshop中绘画时，需要经常将窗口的视图放大，以便让图像以更大的比例显示，再将需要编辑的区域移动到画面中心，以便观察和描绘细节。

1．缩放工具和抓手工具

使用缩放工具 在文档窗口中单击，可以逐级放大视图比例，如图1-49和图1-50所示。使用抓手工具 （按住空格键可临时切换为该工具）拖曳光标，可以移动画面，如图1-51所示。

图1-49　　　　　图1-50　　　　　图1-51

使用缩放工具 按住Alt键单击，可缩小视图比例。按住鼠标左键向左、右滑动，则可快速缩放窗口。单击并按住鼠标左键不放，可动态放大。使用抓手工具 🖐 时，也可按住Ctrl键单击并向左、右拖曳光标，对窗口进行缩放。

2. "导航器"面板 ····························

当视图比例较大时，用抓手工具 🖐 移动画面需要多次操作才能到达指定区域，操作起来比较麻烦。如遇这种情况，可以打开"导航器"面板，在图像的缩览图上单击或进行拖曳，如图1-52所示，这样即可快速移动画面，让红色矩形框内的图像出现在画面中心，如图1-53所示。

图1-52　　　　　图1-53

3. 画布与暂存区 ····························

视图比例被调小以后，整个图像区域（也称"画布"）之外会出现灰色暂存区，如图1-54所示。暂存区在某些情况下比较有用。例如，将一幅大图拖入一个较小的文档中，超过画布范围的图像虽然无法显示，但会保存在暂存区。此外，进行变换操作时，定界框（见15页）有时也可能在暂存区上，如图1-55所示。

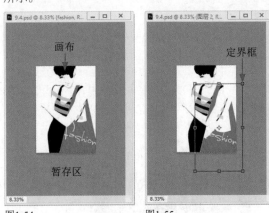

图1-54　　　　　图1-55

1.3.4 新建文件

如果想要从"一张白纸"开始绘画，可以执行"文件"|"新建"命令，打开"新建文档"对话框，如图1-56所示。最上方是8个选项卡，包含不同设计

行业常用的文件预设，要创建哪种类型的文件，可单击相应的选项卡并选择预设，Photoshop会自动设定文件的尺寸、分辨率和颜色模式。如果预设不能符合要求，可以在对话框右侧的选项中输入参数，创建自定义的文件。

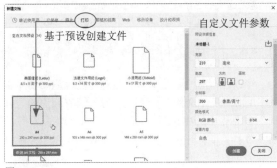

图1-56

"新建文档"对话框选项 ····························

● **未标题-1**：可输入文件名称。创建文件后，文件名会显示在文档窗口的标题栏中。保存文件时，文件名会自动显示在存储文件的对话框内。

● **宽度/高度**：可以输入文件的宽度和高度。在右侧的选项中可以选择一种单位，包括"像素""英寸""厘米""毫米""点""派卡"。

● **方向**：单击 🔲 或 🔲 按钮，可以将文档的页面方向设置为纵向或横向。

● **画板**：勾选该复选框后，可以创建画板。创建多个画板后，就相当于在原有的画布之外又开辟出新的画布，这样就能在一个文件中绘制不同的设计图稿。

● **分辨率**：可设置文件的分辨率。右侧选项可以选择分辨率单位，包括"像素/英寸"和"像素/厘米"。

技巧

将绘制服装画的文档分辨率设置为300像素（即300ppi）基本够用，因为人的眼睛每英寸最多只能识别300像素，像素多于这个数量，人眼也分辨不出来。这也是打印机设备以300像素/英寸作为打印标准的原因。分辨率如果过低，画面细节就不充足，图像尺寸也会很小，会限制作品的使用范围。

● **颜色模式**："颜色模式"下方包含两个选项，左侧可以为文件选择颜色模式，右侧可以选择位深。颜色模式决定图像中的颜色数量、通道数量和文件大小。较为常用的有RGB和CMYK模式。RGB模式通过红（R）、绿（G）和蓝（B）3种色光混合生成颜色，用途最广；CMYK模式用印刷三原色（C代表青色、M代表洋红、Y代表黄色）及黑色（K代表黑色）油墨混合生成各种颜色，主要用于印刷工艺。一幅图像中包含的颜色信息有多少，取决于位深。位深也称像素深度或色深度，以

多少位／像素来表示。位深为1的图像只有黑、白两色，位深每增加一位，颜色增加一倍。8位／通道的RGB图像最为常用，数码照片、网上的图片等都属此类。

● **背景内容**：可以为"背景"图层选择颜色。一般为白色，如果选择"透明"选项，可创建背景为透明的文件。

● **高级选项**：单击 ＞ 按钮，可以显示隐藏选项，其中"颜色配置文件"选项可以为文件指定颜色配置文件。

1.3.5 打开文件

如果想编辑保存在计算机硬盘上的画稿或其他文件，可以执行"文件"｜"打开"命令，在弹出的"打开"对话框中选择文件，如图1-57所示，将其打开。如果文件之前打开过，则会在Photoshop主页中显示，单击其缩览图，可直接将其打开。

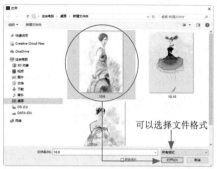

可以选择文件格式

图1-57

1.3.6 保存文件

1. 存储文件

执行"文件"｜"存储"命令（快捷键为Ctrl+S），在弹出的"另存为"对话框中输入文件名称，设置保存位置及文件格式，如图1-58所示，单击"保存"按钮，可保存文件。

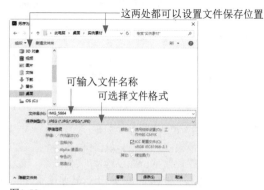

这两处都可以设置文件保存位置

可输入文件名称
可选择文件格式

图1-58

2. 另存文件

如果要将当前文件保存为另外的名称和其他格式，或者存储到其他位置，可以执行"文件"｜"存

储为"命令，将文件另存。例如，客户拿到PSD格式的画稿时，会因为没有相应的软件而无法观看，影响工作流程，执行"存储为"命令将文件另存为JPEG或PDF格式，再将其交付对方可解决此问题。

3. 文件格式

文件格式决定了数据的存储方式（作为位图还是矢量图）、压缩方法、支持哪些Photoshop功能，以及是否与其他软件兼容。

第一次存储文件最好使用PSD格式（扩展名为.psd）。它可以保存文件中的所有内容（图层、图层样式、调整图层、蒙版、通道、路径等），以后不论何时打开文件，都可在原有效果的基础上进行编辑和修改。此外，矢量软件Illustrator和排版软件InDesign也支持PSD文件，这意味着一个透明背景的PSD文件置入这两个程序之后，背景仍然是透明的。

将文件保存为PSD格式后，在编辑过程中，每次完成重要操作，还应按Ctrl+S快捷键，将当前编辑效果存储起来，不要等到完成所有编辑以后再存储，避免因断电、计算机故障或Photoshop意外崩溃而丢失工作成果。

1.3.7 用Bridge浏览文件

PSD、AI、EPS等格式的文件在Windows和macOS系统中无法预览，如图1-59所示。这会给查找和管理素材带来不便。

图1-59

如遇此种情况，可以执行"文件"｜"在Bridge中浏览"命令，打开Bridge，它能解析Photoshop支持的文件格式并提供预览图，如图1-60所示。而且，双击其中的文件，可在其原始应用程序中将其打开。如果想使用其他软件打开文件，可单击文件，之后在"文件"｜"打开方式"菜单中选择相应的软件。

图1-60

1.4 Photoshop服装设计10大功能

使用Photoshop修改速写稿或原始画作，可以在画稿中添加新元素，探索新创意。将绘画工作全部转移到Photoshop中完成也是可行的。因为传统绘画效果，如素描、水彩、水粉、油画、丙烯等，都能用Photoshop表现出来。Photoshop是一个庞大的软件，下面介绍它有哪些功能可用于服装设计。

1.4.1 绘画

使用传统工具在纸张上绘制时装画和服装设计效果图，设计师必须熟悉每一种绘画工具的特性和使用技巧，才能创作出好作品。而用Photoshop绘画，只需一个工具——画笔工具 🖌️，为其配备特定的笔尖就可以表现马克笔、炭笔、水彩笔等不同的笔触，以及颜色晕染、颜料颗粒、纸张纹理等真实效果，如图1-61所示。

想成为Photoshop绘画高手，也应发掘其他绘画类和修饰类工具的潜力，这些工具各有所长，如图1-62所示。比较典型的有混合器画笔工具 🖌️，它能让颜料产生真实的混合效果；渐变工具 🔲 的填充效果特别适合表现绸缎面料的光滑质感；涂抹工具 👉 可以模拟手指在画纸上的涂抹行为，将线条抹出一种晕染效果；仿制图章工具 🔖 可以复制图像内容或清除缺陷；橡皮擦工具 ⌫ 可以擦出透明效果等。

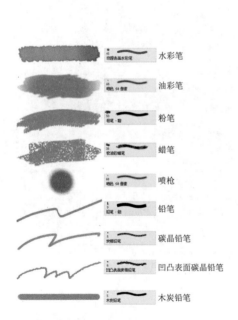

不同笔尖模拟的传统绘画笔迹
图1-61

Photoshop绘画类工具及不同笔尖在效果表现上的应用
图1-62

Photoshop中的绘画是在图层上进行的。对图层的不透明度加以控制，或者通过图层混合模式混合图像和色彩，可以表现笔触叠加、色彩叠透和晕染效果，如图1-63所示。二者都属于非破坏性功能，不会损坏图像，可以反复尝试和修改。

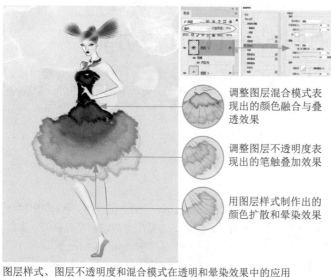

调整图层混合模式表现出的颜色融合与叠透效果

调整图层不透明度表现出的笔触叠加效果

用图层样式制作出的颜色扩散和晕染效果

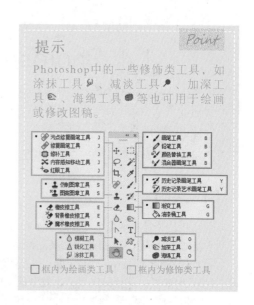

图层样式、图层不透明度和混合模式在透明和晕染效果中的应用
图1-63

　　Photoshop的绘画类工具还可用来绘制服饰配件。除此之外，Photoshop中的图层样式和滤镜在表现材料和质感方面也非常强大，可以惟妙惟肖地再现纸张纹理、颜料颗粒、棉麻、皮革等材料，以及金、银、玉、宝石等金属和各种矿物。例如，图1-64和图1-65所示的水晶鞋就用到了图层样式和滤镜。

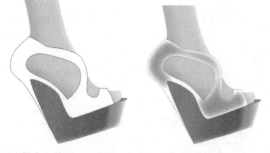

画出鞋底和鞋跟，之后用"内发光"效果制作鞋面
图1-64

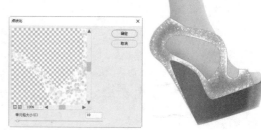

用"点状化"滤镜制作璀璨的水晶
图1-65

1.4.2　绘图

　　服装的款式图用于指导生产，尺寸必须准确、规范，对绘图精度的要求比较高。Photoshop中的参考线、智能参考线、网格、对齐和分布等辅助功能，为精确绘图提供了可靠保障。

　　Photoshop中还有很多矢量工具，可用于绘制模特、时装画和款式图及线稿。此类线稿是矢量图形，即路径，如图1-66所示。使用路径绘制的图形准确度高，易于修改，并可无损缩放，非常适合调整为不同的尺寸使用，而且不论以多大的幅面打印都是清晰的。

　　路径的围合区域可以用颜色、渐变和图案进行填充。而对路径进行描边可获得线稿。描边可通过两种方法操作，一是单击路径层，如图1-67所示，之后单击"路径"面板底部的 ◯ 按钮，用画笔工具 ✐ 描边路径，如图1-68所示；二是按住Alt键单击 ◯ 按钮，打开"描边路径"对话框，勾选"模拟压力"复选框，这种方法能让描边的线条呈现粗细变化，如图1-69和图1-70所示。

图1-66

图1-67

图1-68

图1-69　　　　　　　　　图1-70

提示

在"描边路径"对话框中还可以选择其他工具，如铅笔、橡皮擦、背景橡皮擦、仿制图章、历史记录画笔、加深和减淡等工具描边路径。需要注意的是，描边路径前需要提前设置好工具的参数。

1.4.3 图层

Photoshop可以编辑图像、矢量图形、文字、视频等不同的对象。图层承载了这些对象。

1. 什么是图层

图层类似于透明的玻璃纸，每张纸上承载一个对象（如图像、图形、文字等）。文档窗口中显示的是所有图层堆叠在一起呈现的效果，如图1-71和图1-72所示。

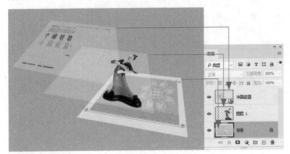

图像的图层结构
图1-71

文档窗口中显示的图像
图1-72

使用Photoshop编辑对象时，先要单击其所在的图

层，将其选择，如图1-73所示。所选图层称为"当前图层"。

图层可以将对象分层保管。这样的好处在于，选择一个图层并对其进行绘画等编辑时，不会影响其他图层。图1-74所示为调整"背景"图层颜色后的效果，另外两个图层没有受到影响。

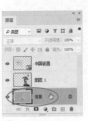

图1-73　　　　　　图1-74

在该面板中，每个图层都有一个眼睛图标 ⊙ 。单击眼睛图标 ⊙ 可隐藏图层，即文档窗口中看不到该图层中的对象，如图1-75和图1-76所示。隐藏后，既保护图层不会受到编辑修改，也能方便选择和处理其他图层中的图像。如果要重新显示图层，在原眼睛图标处单击即可。

图1-75　　　　　　图1-76

眼睛图标 ⊙ 右侧是图层的缩览图，显示了图层中包含的对象，通过缩览图可查找需要的图层。

2. 图层基本操作

● **新建图层**：单击"图层"面板底部的 按钮，可在当前图层上方新建一个图层，并自动成为当前图层，如图1-77所示。按住 Ctrl 键单击 按钮，可在当前图层下方新建图层，如图1-78所示。

图1-77　　　　　　　图1-78

● **选择图层**：单击一个图层，可选择该图层。需要选择多个图层时，如果它们上下相邻，可单击第一个图层，如图 1-79 所示，再按住 Shift 键单击最后一个图层，如

图1-80所示。如果图层不相邻，可按住Ctrl键分别单击它们，如图1-81所示。

图1-79　　　　图1-80　　　　图1-81

● **链接图层** ⛓ ：选择多个图层后，单击该按钮，可将它们链接起来。处于链接状态的图层可以同时进行变换操作或添加效果。

● **调整图层顺序**：图层按照创建的先后顺序堆叠排列，就像搭积木一样，一层一层地向上搭建。将一个图层拖曳到其他图层的上方（或下方），可调整堆叠顺序，如图1-82和图1-83所示。

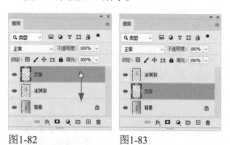

图1-82　　　　　　图1-83

● **复制图层**：按Ctrl+J快捷键可以复制当前图层。如果想要复制非当前图层，可将其拖曳到"图层"面板底部的 ⊞ 按钮上，如图1-84和图1-85所示。

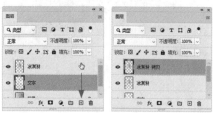

图1-84　　　　　　图1-85

● **修改图层名称**：在图层的名称上双击，显示文本框后输入新的名称，之后按Enter键确认，可修改其名称。

● **锁定图层**：单击一个图层，单击"锁定透明像素"按钮 ▨ ，可保护图层中的透明区域，使其不被编辑操作影响。单击"锁定图像像素"按钮 ✎ ，则不能在图层上绘画、擦除或应用滤镜。单击"锁定位置"按钮 ✛ ，图层不能移动。单击"锁定画板"按钮 ⊟ ，可防止在画板内外自动嵌套。单击"锁定全部"按钮 🔒 ，可锁定以上全部属性。

● **合并图层**：执行"图层"|"向下合并"命令（快捷键为Ctrl+E），可以将当前图层与下方的图层合并。如果要合并多个图层，可按住Ctrl键并单击，将它们选取，之后按Ctrl+E快捷键。

● **删除图层**：选择一个或多个图层，按Delete键可删除。

3. 用图层组管理图层···

在Photoshop中绘画时，为便于修改，往往会将不同的内容绘制在单独的图层上，如图1-86所示。但图层数量变多以后，查找和选择图层就会越来越麻烦。只有做好管理，操作才能顺利地进行下去。

图1-86

选择多个图层，如图1-87所示，执行"图层"|"图层编组"命令（快捷键为Ctrl+G），可将其编入图层组中，如图1-88所示。单击组前方的 ⌄ 按钮关闭组，"图层"面板列表就会清晰明了，如图1-89所示。

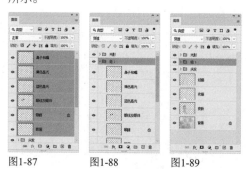

图1-87　　　图1-88　　　图1-89

在组的名称上双击，显示文本框后，可为其输入便于识别的名称，如图1-90所示。

单击"图层"面板底部的 ▢ 按钮，可以创建一个空图层组，此后单击 ⊞ 按钮，可在组中创建图层。也可将其他图层拖曳到该组中，如图1-91和图1-92所示。或者从组内移出图层。如果想解散组，可单击组，执行"图层"|"取消图层编组"命令（快捷键为Shift+Ctrl+G）。

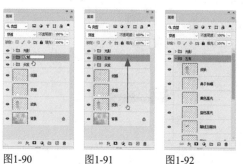

图1-90　　　图1-91　　　图1-92

1.4.4 变换与变形

对图像、路径、文字等进行移动、旋转、缩放和扭曲，是改变对象外观的常用方法。

1. 定界框和控制点

单击对象所在的图层，之后执行"编辑"|"自由变换"命令（快捷键为Ctrl+T），对象周围会显示定界框及控制点，如图1-93所示。按住相应的按键并拖曳可进行变换与变形。

图1-93

2. 变换、变形

- **旋转**：在定界框外拖曳光标，可进行旋转，如图1-94所示。

- **缩放与拉伸**：拖曳控制点，可等比缩放，如图1-95所示。按住Shift键操作，可拉伸对象，如图1-96所示。

图1-94　　　　图1-95　　　　图1-96

- **斜切**：在水平定界框外按Shift+Ctrl快捷键并进行拖曳，可沿水平方向斜切。在垂直定界框外操作，可沿垂直方向斜切。

- **扭曲与透视扭曲**：在定界框4个角的某个控制点上单击并按住鼠标左键不放，之后按住Ctrl键并拖曳，可扭曲对象，如图1-97所示；按Ctrl+Alt快捷键拖曳，可对称扭曲，如图1-98所示；按Shift+Ctrl+Alt快捷键操作，可进行透视扭曲，如图1-99所示。

图1-97　　　　图1-98　　　　图1-99

3. 移动

- **移动与复制**：选择移动工具 ✛ ，按→、←、↑、↓键，当前图层中的对象会轻移1个像素的距离。在文档窗口中拖曳光标，可自由移动；按住Shift键并拖曳，可沿水平、垂直或45°角方向移动；按住Alt并键拖曳，可复制对象并生成新的图层，如图1-100和图1-101所示。

图1-100　　　　　　　　图1-101

- **将对象拖入其他文件**：打开多幅图像时，使用移动工具 ✛ 在画面中单击并拖曳图像至另一文件的标题栏，如图1-102所示；停留片刻可切换到该文件，将光标移动到画面中，如图1-103所示；释放鼠标左键，可将图像拖入该文件，如图1-104所示。

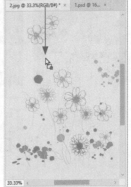

图1-102　　　　　　　　图1-103

图1-104

1.4.5 选区

选区用于限定编辑操作的有效范围，以及将图像从背景中抠出。

1. 选区操作

● **全选**：执行"选择"|"全部"命令（快捷键为Ctrl+A），可以选取画面中的全部内容。

● **反选**：执行"选择"|"反选"命令（快捷键为Shift+Ctrl+I），可以反选。如果对象的背景较为简单，可先选择背景，再通过反选将其选中。

● **取消选择与重新选择**：执行"选择"|"取消选择"命令（快捷键为Ctrl+D）可以取消选择。如果由于操作不当而取消选择，可立即执行"选择"|"重新选择"命令（快捷键为Shift+Ctrl+D）恢复选区。

● **保存和加载选区**：创建选区后，单击"通道"面板底部的 ◙ 按钮，将选区存储到Alpha通道中，如图1-105所示，可避免由于操作不当而丢失选区，也方便以后使用和修改。如需将选区加载到画布上，按住Ctrl键单击Alpha通道的缩览图即可，如图1-106所示。

图1-105

图1-106

● **羽化选区**：默认状态下，选区的边界是明确的（如图1-105所示）。进行抠图时，图像的边缘是清晰的，如图1-107所示（灰、白相间的棋盘格标识透明区域）；进

行调色时，选区内、外泾渭分明，如图1-108所示。执行"选择"菜单中的"调整边缘"或"羽化"命令，可以对选区进行羽化，如图1-109所示，使位于其边缘的图像只能被部分地选取到。羽化后，抠图时，图像的边缘是半透明的，如图1-110所示；调色时，调整效果会在羽化处衰减并逐渐消失，如图1-111所示。

图1-107　　　　　　　　图1-108

图1-109

图1-110　　　　　　　　图1-111

● **选区运算**：使用选框类、套索类工具时，可单击工具选项栏中的 按钮，进行选区运算。选区运算是指在已有选区的状态下，创建新选区或加载其他选区时，让其与现有的选区发生运算，以得到需要的选区。单击"新选区"按钮 后，如果图像中没有选区，可以创建一个选区，图1-112所示为创建的矩形选区；单击"添加到选区"按钮 后，可在原有选区中添加新的选区，图1-113所示为在现有矩形选区的基础上添加的圆形选区；单击"从选区减去"按钮 后，可以在原有选区中减去新创建的选区，如图1-114所示；单击"与选区交叉"按钮 后，只保留原有选区与新创建的选区相交的部分，如图1-115所示。

图1-112　　　　　　　　图1-113

图1-114　　　　图1-115

2. 选框类工具组

● **矩形选框工具** ▭：拖曳光标可以创建矩形选区；按住 Alt 键并拖曳光标，能以单击点为中心向外创建选区；按住 Shift 键并拖曳光标，可以创建正方形选区。

● **椭圆选框工具** ◯：可以创建椭圆形和圆形（按住 Shift 键操作）选区，其使用方法与矩形选框工具 ▭ 相同。

3. 套索类工具组

● **套索工具** ⦰：拖曳光标可绘制选区，将光标移动到起始点处，之后释放鼠标左键，可封闭选区。如果在中途释放鼠标左键，则会在当前位置与起始点之间创建一条直线来封闭选区。

● **多边形套索工具** ⦰：单击可创建一段一段的、由直线连接成的几何形选区。

● **磁性套索工具** ⦰：在对象边缘单击，之后沿边缘拖曳光标，可自动识别边界并创建选区。

4. 自动选择工具

● **魔棒工具** ⦰：在图像上单击，可选择与单击点色调相似的像素。

● **快速选择工具** ⦰：通过拖曳的方法使用，可自动识别图像，"画"出选区。

● **对象选择工具** ⦰：该工具使用了 Adobe Sensei（人工智能）技术。将光标移动到图像上方，可自动检测图像并为之覆盖蒙版，如图1-116所示，单击可创建选区，如图1-117所示。

图1-116　　　　图1-117

1.4.6 蒙版

Photoshop中的蒙版可以控制对象的显示范围，以及显示程度。

1. 图层蒙版

为一个图层添加图层蒙版后，可以使用画笔工具 ⦰ 和渐变工具 ▭ 对蒙版进行处理，从而将图层中的内容隐藏，或者使其呈现一定程度的透明效果，以创建平顺的、柔和的图像融合效果（图层蒙版使用原理见37页），如图1-118所示。

图层蒙版

创建图层蒙版并用画笔工具将背景区域涂黑，以隐藏背景

图1-118

2. 图层蒙版基本操作

● **添加图层蒙版**：单击一个图层，单击"图层"面板底部的 ▭ 按钮，可为其添加图层蒙版，如图1-119所示。创建选区后，如图1-120所示，单击"图层"面板底部的 ▭ 按钮，可创建图层蒙版并将选区外的图像隐藏，如图1-121和图1-122所示。

图1-119　图1-120

图1-121　图1-122

- **复制图层蒙版**：按住 Alt 键，将一个图层的蒙版拖至另外的图层，可以将蒙版复制给目标图层。

- **取消链接**：在"图层"面板中，图像缩览图与蒙版缩览图中间有一个链接图标，它表示图像与蒙版处于链接状态，此时进行变换操作，如旋转、缩放时，它们会一同变换。单击图标，可以取消链接，此后可单独变换图像或蒙版。

- **停用图层蒙版**：按住 Shift 键单击蒙版的缩览图，可以暂时停用蒙版，其上会出现一个红色的"×"。如果要恢复蒙版，可单击蒙版缩览图。

- **删除图层蒙版**：将蒙版缩览图拖曳到"图层"面板中的 🗑 按钮上，弹出图1-123所示的对话框。单击"删除"按钮，可删除图层蒙版，如图1-124所示。单击"应用"按钮，可删除蒙版及被其遮盖的图像。

图1-123　图1-124

3. 剪贴蒙版

图层蒙版只对一个图层有效，而剪贴蒙版可以控制多个图层的显示范围。

在剪贴蒙版组中，最下方的是基底图层，位于其上方的是内容图层（有 ⌐ 状图标并指向基底图层），如图1-125所示。基底图层的透明区域是蒙版（相当

于图层蒙版中的黑色），可以将内容图层隐藏。就是说，内容图层中只有位于基底图层非透明区域的部分才是可见的，因此，移动基底图层时，内容图层的显示状况也会随之改变，如图1-126所示。剪贴蒙版组中的图层具有连续性特点，即必须上下相邻，因此，调整图层的堆叠顺序时应加以注意，否则可能会释放剪贴蒙版组。

服装画素材　　　画笔笔迹素材

创建剪贴蒙版后，人像
只在画笔笔迹内部显示

图1-125

图1-126

4. 剪贴蒙版基本操作

- **创建剪贴蒙版**：按住 Ctrl 键单击需要创建剪贴蒙版的

各个图层，之后执行"图层"|"创建剪贴蒙版"命令（快捷键为Alt+Ctrl+G）即可。

● **将图层移入剪贴蒙版组**：将一个图层拖曳到基底图层上方，可将其加入剪贴蒙版组中。

● **释放剪贴蒙版**：将一个内容图层拖出剪贴蒙版组，可释放该图层。单击基底图层正上方的内容图层，执行"图层"|"释放剪贴蒙版"命令（快捷键为Alt+Ctrl+G），可解散剪贴蒙版组，释放所有图层。

1.4.7 调色

　　"图像"|"调整"菜单中包含了大量调色命令，其中既有专业的"色阶""曲线"命令，也有适合初学者使用的"色相/饱和度"等简单命令，可对服装图片、服装设计效果图、纹理材质、图案、扫描的手稿和照片等进行调色。图1-127所示为服装原图色，图1-128和图1-129所示为将橙色修改为红色后的效果。

图1-127

图1-128　　　　图1-129

1.4.8 图案与填充

1．使用现成的面料和图案素材⋯⋯⋯⋯⋯⋯⋯⋯⋯

　　Photoshop的图像合成工具非常多，包括图层蒙版、剪贴蒙版、混合模式等。如果有现成的、适合利用的面料素材，可以用这些功能将其贴合到服装表面。这是展示服装面料效果的简单易行办法，具有极强的真实感，如图1-130所示。

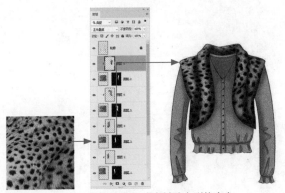

豹纹图片　　　用图层蒙版将素材贴合到坎肩上
图1-130

2．自定义图案⋯⋯⋯⋯⋯⋯⋯⋯⋯⋯⋯⋯⋯⋯⋯⋯

　　图案、纹理和面料是时装画和服装设计效果图的重要表现内容。Photoshop提供了大量形状，如图1-131所示，可以用于创建各种图案。

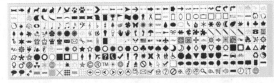

图1-131

　　绘制好图案、纹理或面料后，还可使用"编辑"|"定义图案"命令将其保存为预设的图案。以后使用时，可以通过油漆桶工具◇、"填充"命令和"图层样式"命令这3种工具将图案填充到画面中。图1-132所示展示了这一操作流程。

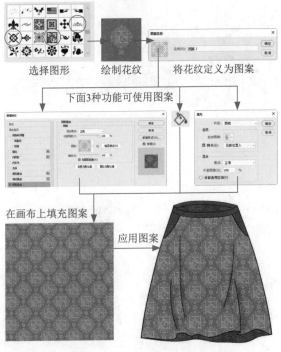

选择图形　　绘制花纹　　将花纹定义为图案

下面3种功能可使用图案

在画布上填充图案

应用图案

图1-132

3. 油漆桶工具……………………………

　　选择油漆桶工具 ，设置好"容差"值，在工具选项栏中将"填充"设置为"图案"，打开"图案"下拉面板选取图案，之后在画布上单击，即可填充图案，如图1-133和图1-134所示。"容差"值较低时，只填充与单击点颜色非常相似的其他颜色；"容差"值越高，对颜色相似程度的要求越低，因此，填充范围越大。

图1-133

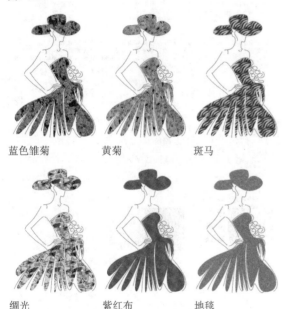

蓝色雏菊　　　　黄菊　　　　斑马

绸光　　　　紫红布　　　　地毯

图1-134

4. "填充"命令……………………………

　　如果创建了选区，可以用"编辑"菜单中的"填充"命令填充选中的区域。该命令可以填充图案、前景色、背景色、用户自定义的颜色、历史记录和脚本图案，以及基于内容识别功能自动定义填充区域，如图1-135所示。

图1-135

　　选取填充内容以后，还可设置混合模式和不透明度。如果只想填充图层中包含像素的区域（不影响透明区域），可以勾选"保留透明区域"复选框。

1.4.9　图层样式

　　图层样式也叫"效果"，可以表现各种质感和立体效果。图1-136所示为通过添加"斜面和浮雕""内阴影"等效果制作的耳坠。

　　单击一个图层，打开"图层"|"图层样式"菜单，或单击"图层"面板底部的"添加图层样式"按钮 ，打开下拉菜单，选择一个命令，打开"图层样式"对话框，设置参数即可添加效果。

图1-136

　　在"图层样式"对话框左侧列出了10种效果，单击一个效果的名称，可添加这一效果（显示"√"标记），并在对话框的右侧显示与之对应的选项，如图1-137所示。

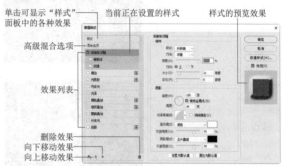

单击可显示"样式"　　当前正在设置的样式　　样式的预览效果
面板中的各种效果

高级混合选项

效果列表

删除效果
向下移动效果
向上移动效果

图1-137

　　添加了效果的图层右侧会显示 状图标及效果列表，如图1-138所示。如果要隐藏一个效果，可以单击其名称前的眼睛图标 。如果要删除一个效果，将其拖曳到"图层"面板底部的 按钮上即可。单击 按钮可折叠（或展开）效果列表，如图1-139所示。

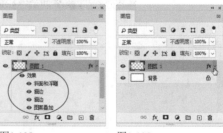

图1-138　　　　图1-139

1.4.10　滤镜

　　滤镜是一种插件模块，通过改变像素的位置和颜色生成特效，如图1-140所示。

左图为原始画稿及眼睛处的放大效果，右图为使用"像素化"滤镜处理后的效果，从中能看到像素的变化情况

图1-140

Photoshop的"滤镜"菜单中有一百多个滤镜，如图1-141所示。由于数量过多，"画笔描边""素描""纹理""艺术效果"滤镜组都被整合到了"滤镜库"中。因此，在默认状态下，"滤镜"菜单中没有这些滤镜，要使用它们，需要打开滤镜库。此外，也可执行"编辑"|"首选项"|"增效工具"命令，打开"首选项"对话框，勾选"显示滤镜库的所有组和名称"复选框，如图1-142所示，之后所有滤镜都会出现在"滤镜"菜单中。

图1-141

图1-142

Photoshop中有一些滤镜是专为模拟绘画效果而设置的。例如，"粉笔和炭笔""绘图笔""水彩画纸""炭笔""彩色铅笔""粗糙蜡笔""油画"等。从滤镜的名称中不难看出其用途和模拟的画种。这些滤镜基本上都在"素描"和"艺术效果"两个滤镜组中。图1-143~图1-145所示为用滤镜制作的绘画效果。

模特图片

图1-143

用"粗糙"滤镜编辑　　　用"碳晶笔"滤镜编辑

图1-144　　　　　　　　图1-145

滤镜虽然可以简单、快速地将图像转换为画作，但毕竟是一种"伪"画，其创造力与效果同手绘相比还有差距。不过，在这种"伪"画作的基础上用Photoshop的绘画工具进行修改和完善，可以弥补不足，也能节省创作时间。在时间要求紧迫的情况下，这不失为一个好办法。这也是Photoshop绘画创作的一种重要手段。

第2章 Photoshop 服装绘画工具

2.1 Photoshop中的"画笔"与"颜料"

如果将Photoshop中的绘画色彩——前景色比作传统绘画中使用的颜料，就会面临这样一个问题：它能表现什么颜色？要找到答案，需要理解Photoshop中画笔与颜料的真正含义。

在Photoshop中绘画时，使用的是颜色（前景色）。与传统画具一样，绘画前，也需要调好"颜料"——设置好前景色。但前景色只是颜料中色彩那一部分，而其他的，例如在纸上（画布），颜料是像铅笔那样具有颗粒感，还是像马克笔那样流畅；是像水彩那样稀薄、透明，还是像水粉那样厚重、有覆盖力等，这些都需要设置好笔尖及参数，以及工具的选项，才能很好地表现出来。如果笔尖选择不恰当，或者参数设置不正确，甚至连各个选项的用途都搞不清楚，即使手绘基础很好，也无法发挥Photoshop的效力，画出精美的时装画。图2-1所示为Photoshop绘画操作流程。

自然画笔，可以模拟传统绘画工具的笔触；也有布团、海绵、网格等人造材质，用于表现绘画特效。

选择一个笔尖后，可以在"画笔设置"面板中对其属性进行修改。这一步很关键，因为默认状态下，Photoshop只给出通用参数，这些参数控制笔尖的属性，使其可以产生某种类型的绘画笔触。但多数情况下，这并不能满足用户的个性化需求。例如"碳纸蜡笔"笔尖，如图2-2所示。可以看到，它非常真实地模拟了蜡笔在粗糙素描纸上的绘画效果。如果想表现的是在那种半干未干的水彩上用蜡笔勾勒和涂抹的效果，当前蜡笔的覆盖力就有些过强。很明显，在潮湿的颜料上，蜡笔很难上色。怎样才能降低蜡笔的区域和覆盖度呢？只要调整笔尖的"散布"值，增加笔触中的留白区域，就能更多地呈现画面底色——水彩，如图2-3所示。

1.设置前景色

2.选择画笔工具（或其他绘画工具）

3.选择笔尖

4.设置工具参数

5.设置笔尖参数

6.绘画

图2-1

相对于传统绘画技法以大量实践来积累经验而言，Photoshop要简单得多，也有规律可循。例如，在绘画笔触的表现方面，它有很多种笔尖，如圆形笔尖、硬毛刷笔尖、水彩笔尖、粉笔笔尖、蜡笔笔尖等

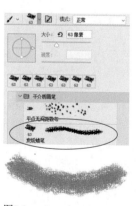

图2-2

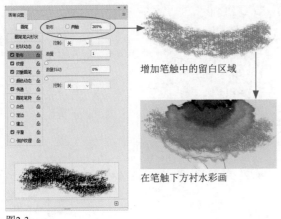

图2-3

增加笔触中的留白区域

在笔触下方衬水彩画

笔尖参数设置好以后，基本上就可以进行绘画了。如遇特殊情况，还需要进一步处理。例如，如果要表现的是水彩画，可调整工具选项栏中的"不透明度"参数（见36页），增加颜料的透明度，该参数越低，颜料越稀薄、越透明，就像在水彩颜料里增加水的比例一样；如果表现的是喷枪效果，可单击工具选项栏中的"喷枪"按钮 ，开启这一功能后，按住鼠标左键不放，光标位置就会像喷枪一样持续地喷洒颜料（要想操作更接近真实效果，还需要配合"流量"参数来控制颜料的堆积速度）。

以上这些，即绘画之前依据所要模拟的绘画效果而进行的参数设定，以及要考虑的细节因素，是要传递这样的信息：用Photoshop绘画，造型准确只是一个方面，它依赖于个人的绘画能力，即传统的手绘功底，这要靠绘画者的个人修为。而绘画效果的再现能力，即表现哪个画种、哪些效果，能否惟妙惟肖、以假乱真，则是本书所要讲授的技能。下面将就参数如何影响笔尖属性展开讲解。这些内容不需要短时间内掌握，但其中的某些重要选项是应该熟悉和运用好的。

2.2 Photoshop画笔及操作技巧

在Photoshop中绘制服装画和时装设计效果图，主要使用画笔工具 、铅笔工具 和橡皮擦工具 （见37页）。这些工具可通过两种方法操作：一是在画布上单击，就像用水彩笔在画纸上点按一样；二是拖曳光标，绘制线条和大面积涂色时会用这种方法。

2.2.1 设置绘画颜色

Photoshop的"工具"面板中包含前景色（黑色）、背景色（白色），以及切换和恢复这两种颜色的按钮，如图2-4所示。前景色是绘画"颜料"，背景色使用渐变工具 和橡皮擦工具 时会用到。

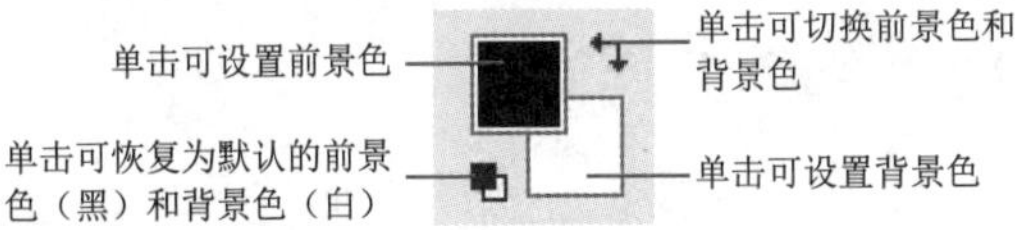

单击可设置前景色
单击可切换前景色和背景色
单击可恢复为默认的前景色（黑）和背景色（白）
单击可设置背景色

图2-4

Photoshop提供了"拾色器""色板"和"颜色"面板等颜色选取工具，就像3个调色盘。它们支持不同的颜色模型（用数值描述颜色的数学模型），以及不同的配色方法。

单击"工具"面板中的"设置前景色或背景色"按钮，可以打开"拾色器"对话框。默认状态下使用的是HSB颜色模型。H代表色相，S代表饱和度，B代表亮度。竖直的颜色条用来选取色相，左侧的色域可调整色彩的饱和度和亮度，如图2-5所示。

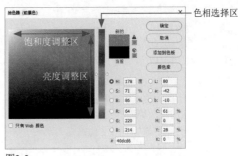

色相选择区
饱和度调整区
亮度调整区

图2-5

提示 Point

按Alt+Delete快捷键可在画布上填充前景色；按Ctrl+Delete快捷键可填充背景色。如果同时按住Shift键操作，则只填充图层中包含像素的区域，不会影响透明区域。

"颜色"面板比"拾色器"对话框简单。如果要编辑前景色，可以单击前景色块，要编辑背景色，则单击背景色块，之后便可在R、G、B文本框中输入数值，或通过拖曳滑块来设置颜色。

此外，也可像调色盘那样混合颜色。例如，选取红色后，如图2-6所示，拖曳G滑块，可在红色中混入黄色，得到橙色，如图2-7所示。

单击此色块可设置前景色
单击此色块可设置背景色

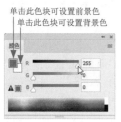

图2-6　　　　　　　　　图2-7

"色板"面板中提供了各种预设颜色，单击其中一个，可将其设置为前景色，如图2-8所示；按住Ctrl键单击，可设置为背景色，如图2-9所示。通过"拾色器"或"颜色"面板调出某种常用颜色后，单击"色板"面板底部的 ⊞ 按钮，将其保存到该面板中，以后可作为预设颜色使用。

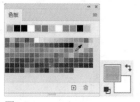
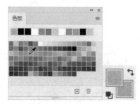

图2-8　　　　　　　　　图2-9

2.2.2 画笔工具

画笔工具 🖌 可用于绘画、修改蒙版和通道。图2-10所示为该工具的选项栏。

图2-10

● **模式**：在下拉列表中可以选择画笔笔迹颜色与下方图层中的像素的混合模式（混合模式见38页）。

● **不透明度**：用来设置画笔的不透明度。降低不透明度后，绘制出的内容会呈现一定的透明效果。当笔迹重叠时，会出现重叠效果，如图2-11所示。需要注意的是，使用画笔工具 🖌 时，每单击一下，便被视为绘制一次。如果在绘制过程中按住鼠标左键不放，则无论在一个区域怎样涂抹，都被视为绘制一次，因此，这样操作不会出现笔迹重叠。

● **流量**：用来设置颜色的应用速率。"不透明度"选项中的数值决定了颜色透明度的上限。可以这样理解，在某个区域进行绘画时，如果一直按住鼠标左键不放，颜色量将根据流动速率增大，直至达到不透明度设置。例如，将"不透明度"和"流量"都设置为60%，在某个区域如果一直按住鼠标左键不放，颜色量将以60%的应用速率逐渐增加（其间画笔的笔迹会出现重叠效果），并最终到达"不透明度"选项所设置的数值，如图2-12所示。除非在绘制过程中释放鼠标左键，否则无论在一个区域绘制多少次，颜色的总体不透明度都不会超过

60%（即"不透明度"选项所设置的上限）。

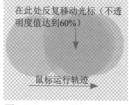

在此处反复移动光标（不透明度值达到60%）

鼠标运行轨迹

图2-11　　　　　　　　　图2-12

● **喷枪** 🖌 ：单击该按钮，可开启喷枪功能，此后在一处位置单击后，按住鼠标左键的时间越长，颜色堆积得越多。"流量"越高，颜色堆积的速度越快，直至达到所设定的"不透明度"值。而"流量"设置较低的情况下，则会以缓慢的速度堆积颜色，直至达到"不透明度"值。如果要关闭喷枪功能，可再次单击该按钮。

● **平滑**：可以对画笔笔迹进行智能平滑处理。Photoshop提供了几种平滑模式，可以单击 ⚙. 按钮，打开下拉面板进行选择。

● **绘图板压力按钮** 🖌 🖌 ：单击这两个按钮后，在数位板上绘画时，压感笔的压力大小变化可以改变画笔工具的"不透明度"和"大小"参数。

提示　　　　　　　　　　　*Point*

专业绘画多使用数位板或数位屏。使用压感笔在数位板或数位屏上作画时，随着笔尖着力的轻重，速度及角度的改变，线条会产生粗细、浓淡等变化，与在纸上画画的感觉一样。连接数位板后，在"画笔设置"面板的各个选项组中选择"钢笔压力"选项，便可通过压感笔的压力控制画笔的大小、硬度和角度。

在Wacom数位屏上画画

2.2.3 铅笔工具

铅笔工具 ✏ 也是重要的绘画工具，它与画笔工具 🖌 的区别体现在以下几个方面。

用缩放工具 🔍 放大视图例比例并仔细观察画笔工具 🖌 绘制的线条，就会发现，无论是用"柔边圆"笔尖，还是用"硬边圆"笔尖，所绘线条的边缘都是柔和的。想绘制出清晰的线条，即真正意义上的硬边，需要使用铅笔工具 ✏ 。

此外，在使用相同的笔尖的情况下，用画笔工具 🖌 画线稿时，笔触的宽度是有变化的，能很好地体现墨色的浓淡效果，如图2-13所示。而铅笔工具 ✏ 画的线条粗细始终一致，如图2-14所示，并且细小的曲线

还容易出现锯齿。

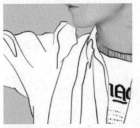

用画笔工具画的线稿
图2-13

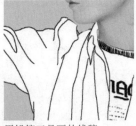

用铅笔工具画的线稿
图2-14

2.2.4 绘画类工具快捷键

绘画类（也包括修饰类）工具中，凡以画笔形式使用的，都可用下面的技巧操作。

● **画笔大小调节**：按]键，可以将画笔调大；按[键，可将画笔调小。

● **画笔硬度调节**：如果当前使用的是"硬边圆""柔边圆"和"书法"笔尖，按Shift+[快捷键，可以降低画笔硬度；按Shift+]快捷键，可以提高硬度。

● **修改不透明度**：对于绘画类（及修饰类）工具，如果其工具选项栏中包含"不透明度"选项，则按数字键可以修改不透明度值。例如，按1键，工具的不透明度会变为10%；按75键，则变为75%；如果要恢复为100%不透明度，可以按0键。

● **更换笔尖**：使用可更换笔尖的绘画类和修饰类工具时，可通过快捷键更换笔尖，而不必在"画笔"或"画笔设置"等面板中选择。例如，按>键，可以切换为与之相邻的下一个笔尖；按<键，可以切换为与之相邻的上一个笔尖。

● **绘制直线**：使用画笔工具 、铅笔工具 和橡皮擦工具 时，单击，之后按住Shift键在其他位置再次单击，两点之间会以直线连接。按住Shift键拖曳光标，可绘制水平、垂直或以45°角为增量的直线。

2.2.5 调整画布角度

如果想从不同的角度观察和处理画稿，可以使用旋转视图工具 调整画布角度（图像本身并没有被真正旋转），就像在纸上画画时旋转纸张一样，如图2-15所示。

图2-15

2.2.6 绘画失误处理方法

当绘画出现失误时，可以执行"编辑"|"还

原"命令撤销操作，该命令的快捷键为Ctrl+Z，可通过连续按该快捷键依次向前撤销操作。

进行撤销后，如果需要将效果恢复过来，可执行"编辑"|"重做"命令（快捷键为Shift+Ctrl+Z，可连续按）。如果想直接恢复到最后一次保存时的状态，可以执行"文件"|"恢复"命令。

除以上方法外，也可通过"历史记录"面板撤销操作。该面板能记录用户的50步操作行为，单击其中的一个记录，就可撤销其之前的所有操作。由于使用画笔等绘画工具时，每单击一下就会被记录为一步操作，50步的可回溯范围未免太小。采用下面的方法可以增加历史记录的保存数量。

执行"编辑"|"首选项"|"性能"命令，打开"首选项"对话框，在"历史记录状态"选项中进行设置即可。如果计算机内存较小，不应设置得过多，以免影响Photoshop运行速度。

用Photoshop绘画时还有一些情况需要考虑。例如，临摹徐悲鸿的奔马时，要靠无数次单击和涂抹操作来完成绘画，"历史记录"面板中记录的全是画笔工具，而不是完成了哪种效果，如图2-16所示。在这种状态下，历史记录越多，反而越难查找。

图2-16

快照功能可以解决这一难题。每完成重要绘画之后，单击"历史记录"面板底部的"创建新快照"按钮 ，将当前效果保存为快照，如图2-17所示，这样不管以后进行了多少步操作，只要单击相应快照，就可恢复到其所记录的状态，如图2-18所示。如果想让快照更易识别，可在其名称上双击，显示文本框后输入新名称。

图2-17　　　　图2-18

2.3 笔尖详解

使用Photoshop绘画时，表现不同笔触的关键在于选择正确的笔尖及参数是否恰当。下面就笔尖选取方法、笔尖的分类，以及参数设置等展开讲解。

2.3.1 "画笔"面板

如果想使用预设的笔尖并只修改其大小，用"画笔"面板选取最为简便，如图2-19所示。单击画笔组前方的 > 按钮，可以展开组，显示其中的笔尖。

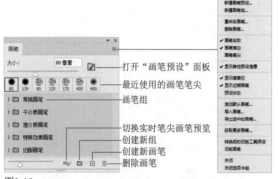

图2-19

如果有外部画笔库（如从网上下载的画笔库），可单击面板右上角的 ≣ 按钮，打开面板菜单，执行"导入画笔"命令，将其导入"画笔"面板中。在面板中按住Ctrl键单击多个笔尖，将其选取，执行面板菜单中的"导出选中的画笔"命令，可以将所选笔尖导出为画笔库（以方便加载到其他版本Photoshop中）。

2.3.2 "画笔"下拉面板

选择绘画类工具后，单击工具选项栏中的 ﹀ 按钮，可以显示"画笔"下拉面板，它比"画笔"面板多了硬度、圆度和角度3种调整功能，如图2-20所示。

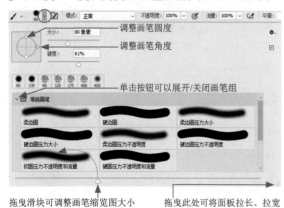

拖曳滑块可调整画笔缩览图大小　　拖曳此处可将面板拉长、拉宽

图2-20

在画布上右击也可打开"画笔"下拉面板。绘画时，该面板会自动关闭。

2.3.3 "画笔设置"面板

"画笔设置"面板中的笔尖没有"画笔"面板和"画笔"下拉面板多，但选项更全。使用时，单击各个选项的名称，使其处于勾选状态，面板右侧就会显示具体内容，如图2-21所示。需要注意的是，如果勾选选项名称前面的复选框，则只开启相应的功能，不会显示选项。

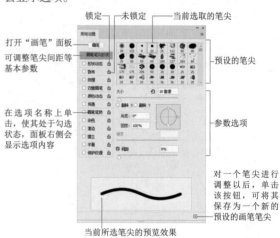

图2-21

> **提示** *Point*
>
> 显示锁定图标 🔒 表示当前笔尖的某些属性（形状动态、散布、纹理等）为锁定状态。单击该图标可取消锁定。

2.3.4 笔尖的种类

预设笔尖分为5大类，如图2-22所示。

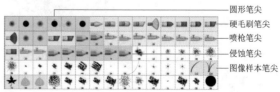

图2-22

● **圆形笔尖**：常用于绘画、修改蒙版和通道。选择这种笔尖以后，将"硬度"设置为100%，可得到"硬边圆"笔尖，其边缘清晰明确，如图2-23所示；"硬度"低于100%是"柔边圆"笔尖，其边缘模糊，笔迹呈逐渐淡出的效果，如图2-24所示。

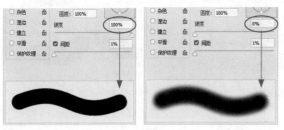

图2-23　　　　　图2-24

● **硬毛刷笔尖**：适合绘制自然的笔触，效果十分逼真，如图2-25所示。

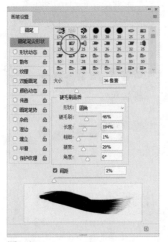

图2-25

● **喷枪笔尖**：通过3D锥形喷溅的方式创建绘画效果，如图2-26所示。使用数位板的用户，可以通过修改压感笔的压力来改变喷洒的扩散程度。

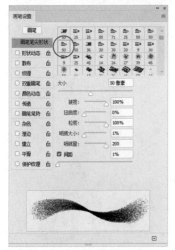

图2-26

● **侵蚀笔尖**：类似于铅笔和蜡笔，如图2-27所示。

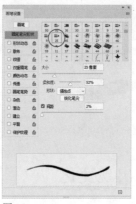

图2-27

● **图像样本笔尖**：用图像创建的，其绘画笔迹由一个个图像组成。

2.3.5　调整笔尖硬度

在"画笔设置"面板中，单击左侧的"画笔笔尖形状"选项后，可以通过面板右侧的"硬度"选项调整笔尖硬度。

对于圆形笔尖和喷枪笔尖，它们控制的是画笔硬度中心的大小，该值越低，画笔边缘越柔和，透明度越高（颜色越稀薄），如图2-28和图2-29所示。对于硬毛刷笔尖，它控制的是毛刷的灵活度，该值较低时，笔尖更容易变形，如图2-30所示。

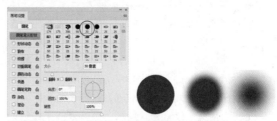

圆形笔尖（直径30像素）硬度分别为100%、50%、1%
图2-28

喷枪笔尖（直径80像素）硬度分别为100%、50%、1%
图2-29

硬毛刷笔尖（直径36像素）硬度分别为100%、50%、1%
图2-30

2.3.6 让笔尖形状出现变化

"形状动态"选项可以改变所选笔尖的形状，让笔尖的大小、角度、圆度等出现变化，或者让笔尖沿X轴或Y轴翻转，如图2-31和图2-32所示。如果使用压感笔绘画，可以选中"画笔投影"单选按钮，这样就能通过压感笔的倾斜和旋转来改变笔尖形状，而不必在"画笔设置"面板中调整参数。

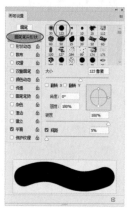
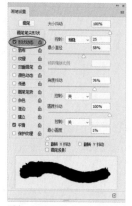

普通的圆形笔尖　　　　　添加"形状动态"后的笔尖
图2-31　　　　　　　　　图2-32

2.3.7 让笔迹呈发散效果

无论何种笔尖，其实质都是由一种基本的图像单元创建的。例如，图2-33所示的笔尖，如果将"间距"值调大，就能看清单个笔尖图像，如图2-34所示。由于Photoshop将各图像单元的间隔设置得非常小，大概在其自身大小的1%~5%，这样在绘画时，图像单元的衔接就十分紧密，绘画笔迹就变成一条线，而非一个个单独的图像。

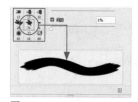
单个的笔尖图像

图2-33　　　　　　图2-34

由此可见，增加笔尖的"间距"值，可以让笔迹发散开，但这种效果是固定的，而且有规律、不自

然。更好的办法是勾选"画笔设置"面板左侧列表的"散布"复选框并设置参数，这样画笔笔迹就会在光标运行轨迹周围随机发散，如图2-35所示。

普通笔尖绘制的线条

设置"散布"后绘制的线条

图2-35

如果要控制笔迹的发散程度，可以通过"散布"选项来调节。例如，选择圆形笔尖，将"散布"值设置为100%，这就表示散布范围不超过画笔大小的100%。如果选择"两轴"选项，则画笔基于光标运行轨迹径向分布，此时笔迹会出现重叠，如图2-36所示。如果不希望出现过多的重复笔迹，可以将"数量"值调低。

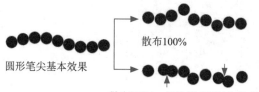
散布100%

圆形笔尖基本效果

散布100%，并选择"两轴"选项

图2-36

2.3.8 让笔迹中出现纹理

需要表现在纹理感较强的画纸上绘画的效果时，一般通过3种方法操作。第1种方法是使用画纸素材，将画稿衬在其上方，设置为"正片叠底"混合模式，让纹理透过画稿显现出来，如图2-37和图2-38所示；第2种方法是对画稿应用"纹理化"滤镜，生成纹理，如图2-39所示；第3种方法是调整笔尖设置再绘画，让画笔笔迹中出现纹理，其效果就像是在带纹理的画纸上绘画一样，如图2-40所示。

原始画稿　　　　　　　将画稿衬在纹理素材上方
图2-37　　　　　　　　图2-38

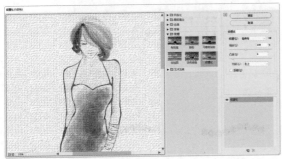

用"纹理化"滤镜生成纹理
图2-39

普通笔尖绘画效果
图2-40

添加纹理后的绘画效果

如果想要让笔迹中出现纹理，可单击选择"画笔设置"面板左侧列表的"纹理"选项，之后单击图案缩览图右侧的按钮，打开下拉面板选择纹理图案，如图2-41所示。需要表现画纸效果，可在"图案"面板中加载图案库，如图2-42所示。

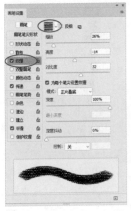 

图2-41   图2-42

这里有两个选项需要说明。"为每个笔尖设置纹理"选项可以让每一个笔迹都出现变化，在一处区域反复涂抹时效果更明显，如图2-43所示。取消勾选该复选框，则可以绘制出无缝连接的画笔图案，如图2-44所示。

图2-43   图2-44

"深度"选项控制颜料渗入纹理中的深度。该值为0%时，纹理中的所有点都接收相同数量的颜料，进而隐藏图案，如图2-45所示。该值为100%时，纹理中的暗点不会接收颜料，如图2-46所示。

深度0%
图2-45

深度100%
图2-46

2.3.9 双笔尖绘画

Photoshop给计算机绘画注入了大量新鲜元素，有些甚至超出用户的想象，双笔尖绘画就是一例。

操作时，先单击选择"画笔笔尖形状"选项并选择第一个笔尖，如图2-47所示；之后单击选择"画笔设置"面板左侧的"双重画笔"选项，再选取第二个笔尖，如图2-48所示。这样就为画笔安装了两个笔尖，一次可绘制出两种笔迹（只显示这两种笔迹重叠的部分）。

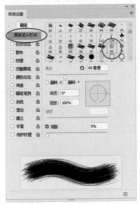 

选择第一个笔尖
图2-47

选择第二个笔尖
图2-48

2.3.10 一笔画出多种颜色

使用传统画笔绘画时，在画笔上蘸几种颜料，可以画出多种颜色。Photoshop的笔尖目前还只能使用一种颜色绘画，但为颜色添加动态控制，也能一笔绘制出多种颜色（实例见119页）。操作方法是单击选择"画笔设置"面板左侧的"颜色动态"选项，之后在面板右侧调整参数，如图2-49所示。

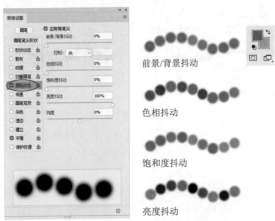

前景/背景抖动

色相抖动

饱和度抖动

亮度抖动

图2-49

有几个参数的名称中有"抖动"二字。"抖动"就是变化的意思。例如，"前景/背景抖动"就是让"颜料"在前景色和背景色之间改变颜色。另外几个

"抖动"可以让颜色的色相、饱和度和亮度产生变化。"纯度"选项可以控制饱和度的高低，该值越大，色彩的饱和度越高。

"应用每笔尖"这个选项用来控制笔迹变化。勾选此复选框后，绘制时可以让笔迹中的每一个基本图像单元都出现变化；取消勾选，则每绘制一次变化一次，绘制过程中不会发生改变，如图2-50和图2-51所示。

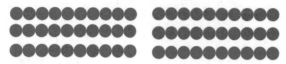

勾选"应用每笔尖"复选框绘制3次
图2-50

未勾选"应用每笔尖"复选框绘制3次
图2-51

2.3.11 为笔触添加变化控制

"形状动态""散布""纹理""颜色动态""传递"选项都包含抖动设置，如图2-52所示。虽然名称不同，但用途是一样的，即让画笔的大小、角度、圆度，以及画笔笔迹的散布方式、纹理深度、色彩和不透明度等产生变化。

单击"控制"选项右侧的 ⌄ 按钮，可以打开下拉列表，如图2-53所示。这里的"关"选项不是关闭抖动的意思，它表示不对抖动进行控制。选择其他几个选项可以控制抖动（抖动的变化范围会限定在抖动选项所设置的数值到最小选项所设置的数值之间）。

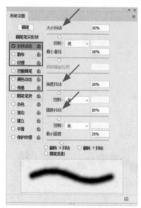
图2-52

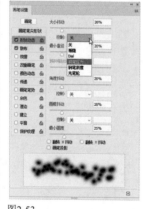
图2-53

例如，选择图2-54所示的圆形笔尖，调整其形状动态，让圆点大小出现变化。之后如果将"大小抖动"设置为50%，则当前选择的是30像素的画笔，因此，最大圆点为30像素，最小圆点用30像素×50%计算得出，即15像素，那么画笔大小的变化范围为15~30像素。在此基础上，"最小直径"选项可进一步控制最小圆点的大小，例如，如果将其设置为10%，则最小圆点就只有3像素（30像素×10%），如图2-55所示。

图2-54

图2-55

使用"渐隐"选项对抖动进行控制，可以让笔迹逐渐淡出。例如，将"渐隐"设置为5，"最小直径"设置为0%，则在绘制出第5个圆点之后，最小直径变为0，此时无论笔迹有多长，都会在第5个圆点之后消失，如图2-56所示。如果提高"最小直径"，例如，将其设置为20%，则第5个圆点之后，最小直径变为画笔大小的20%，即6像素（30像素×20%），如图2-57所示。

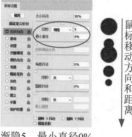

渐隐5、最小直径0%
图2-56

渐隐5、最小直径20%
图2-57

在"控制"下拉列表中，"钢笔压力""钢笔斜度"和"光笔轮"选项是专为数位板配置的。使用压感笔绘画时，可通过钢笔压力、钢笔斜度等来控制抖动变化。

2.3.12 其他控制选项

"画笔设置"面板最下面几个是"杂色""湿边""建立""平滑""保护纹理"等选项，如图2-58所示，它们没有可供调整的数值，如果要启用某一个选项，将其选取即可。

● **杂色**：在画笔笔迹中添加干扰形成杂点。画笔的硬度值越低，杂点越多，如图2-59所示。

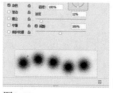

图2-58

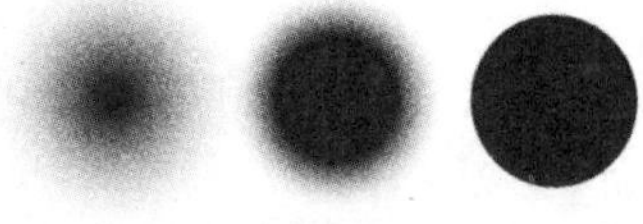

硬度值分别为0%、50%、100%
图2-59

● **湿边**：画笔中心的"不透明度"变为60%，越靠近边缘颜色越浓，效果类似于水彩笔。画笔的硬度值影响湿边范围，如图2-60所示。

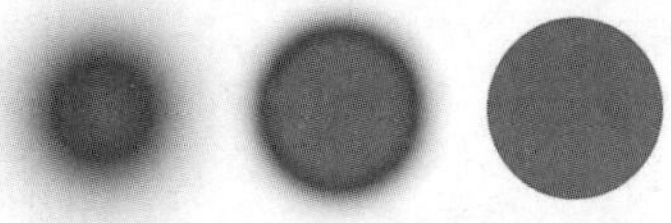

硬度值分别为0%、50%、100%
图2-60

● **建立**：将渐变色调应用于图像，同时模拟传统的喷枪技术。该选项与工具选项栏中的喷枪选项相对应，选取

该选项，或单击工具选项栏中的喷枪按钮 ，都能启用喷枪功能。

● **平滑**：在画笔描边中生成更平滑的曲线。当使用压感笔进行快速绘画时，该选项最有效。

● **保护纹理**：将相同图案和缩放比例应用于具有纹理的所有画笔预设，即使用多个纹理画笔笔尖绘画时，笔迹中的画布纹理是一致的。

2.4 模拟传统绘画笔迹

用Photoshop模拟传统绘画主要有两种方法，一是选择特定的笔尖，用画笔工具 绘画，这种方法用于涂抹大片区域还好，画轮廓和线稿则很难保证准确度。遇到这种情况，可以用钢笔工具 绘制轮廓或线条，再对路径进行描边，使之成为绘画笔触，笔触效果呈现的是所选工具及笔尖的绘画效果，这是一种模拟手绘的常用且很有效的方法。

2.4.1 铅笔

01 打开服装效果图轮廓素材。单击图2-61所示的路径层，将其选取，文档窗口会显示路径层中包含的图形，如图2-62所示。

图2-61

图2-62

02 选择画笔工具 。打开"画笔"下拉面板菜单，分别选择"画笔名称""画笔描边"和"画笔笔尖"3个选项，以列表的形式显示画笔名称和缩览图，以便于查找所需笔尖和预览其效果。执行菜单中的"旧版画笔"命令，加载该画笔库，之后展开"旧版画笔"|"默认画笔"列表，选择"铅笔"笔尖，如图2-63所示。

03 单击"图层"面板底部的 按钮，新建一个图层，如图2-64所示。单击"路径"面板底部的 按钮，用所选的画笔描边路径，如图2-65所示。在"路径"面板的空白处单击，取消路径的选择，如图2-66所示，文档窗口中的路径也会被隐藏。

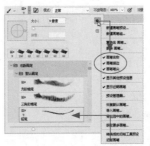

图2-63

图2-64

图2-65

图2-66

04 将光标放在"路径2"的缩览图上，按住Ctrl键单击，如图2-67所示，从该路径（裙子）中将选区加载到画布上，如图2-68所示。

05 单击"图层"面板底部的 按钮，新建一个图层。按Ctrl+Delete快捷键填充背景色（白色），按Ctrl+D快捷键取消选择。执行"滤镜"|"杂色"|"添加杂色"命令，参数设置如图2-69所示。在

选区内生成杂点，如图2-70所示。

图2-67

图2-68

图2-69

图2-70

06 执行"滤镜"|"模糊"|"动感模糊"命令，让杂点变为斜线，如图2-71和图2-72所示。

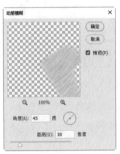

图2-71

图2-72

07 按Ctrl+L快捷键打开"色阶"对话框，将滑块拖曳到图2-73所示的位置，增强色调的对比度，使线条明确具体，如图2-74所示。

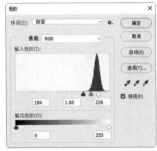

图2-73

图2-74

08 选择橡皮擦工具 ，在工具选项栏中打开"画笔"下拉面板，选择"柔边圆"笔尖，设置

"大小"为30像素，"不透明度"为60%，如图2-75所示。适当擦除裙子褶皱处的线条，使线条呈现出深、浅变化，如图2-76所示。

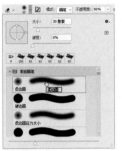

图2-75

图2-76

2.4.2 彩色铅笔

彩色铅笔笔触的制作方法与单色铅笔大致相同。由于线条是彩色的，有两个步骤需要做一些调整。

01 打开前一个实例的素材。将前景色设置为洋红色，如图2-77所示。单击"路径"面板中的"路径1"，再单击面板底部的 ○ 按钮进行描边，这样便得到彩色铅笔轮廓，如图2-78所示。

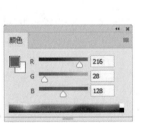

图2-77

图2-78

02 按住Ctrl键单击"路径2"的缩览图，将裙子选区加载到画布上。新建图层并填充白色。执行"滤镜"|"杂色"|"添加杂色"命令，打开对话框以后不要勾选"单色"复选框，如图2-79所示，这样可以生成彩色杂点，如图2-80所示。下一步杂点变为斜线时，得到的便是彩色线条。

图2-79

图2-80

03 执行"滤镜"|"模糊"|"动感模糊"命令，制作斜线，如图2-81所示。用橡皮擦工具 ✦ 对裙子褶皱处的线条进行擦拭，效果如图2-82所示。

图2-81　　　　图2-82

2.4.3 蜡笔

01 单击"图层"面板底部的 ⊞ 按钮，新建一个图层。选择画笔工具 ✎，在"画笔"下拉面板中选择"蜡笔"笔尖，设置"大小"为4像素，如图2-83所示。将前景色设置为橙色。在"路径"面板中单击"路径1"，再单击面板底部的 ○ 按钮，描边路径，如图2-84所示。

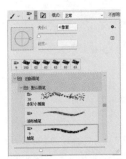

图2-83　　　　图2-84

02 以上是用默认参数描绘的效果。如果想让线条的边缘更有质感，可以按Ctrl+Z快捷键撤销描边操作，之后单击选择"画笔设置"面板左侧的"散布"选项并设置参数，如图2-85所示。使用画笔描边路径，效果如图2-86所示。可以看到，前一种效果与使用蜡笔在光滑的纸张上绘画类似（如图2-84所示），而后一种线条的变化更加强烈，就像是在粗糙的纸上绘画一样。

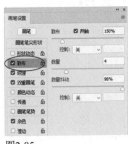

图2-85　　　　图2-86

03 下面为裙子填色，模拟蜡笔涂色效果，这一次使用渐变工具 ▦ 和滤镜来完成。按住Ctrl键单击"路径2"的缩览图，将路径（裙子）中的选区加载到画面上，如图2-87和图2-88所示。

图2-87　　　　图2-88

04 选择渐变工具 ▦ ，单击工具选项栏中的"径向渐变"按钮 ▦ ，在"渐变"下拉面板中选择图2-89所示的渐变。在选区内单击并拖曳光标填充径向渐变。按Ctrl+D快捷键取消选择，如图2-90所示。

图2-89　　　　图2-90

05 执行"滤镜"|"模糊"|"高斯模糊"命令，进行模糊处理，使渐变颜色（尤其是边缘）变得模糊、柔和，如图2-91和图2-92所示。

图2-91　　　　图2-92

06 执行"滤镜"|"纹理"|"纹理化"命令，打开滤镜库。在"纹理"下拉列表中选择"粗麻布"选项，使图像产生粗糙的纹理质感，参数设置如图2-93所示。单击对话框右下方的 ⊞ 按钮，添加一个效果图层。在"艺术效果"滤镜组上单击，展开列表，单击"粗糙蜡笔"滤镜，参数设置如图2-94所

示。这两个滤镜会同时应用于裙子图像。按Enter键关闭对话框。

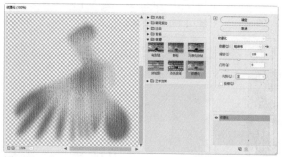

图2-93

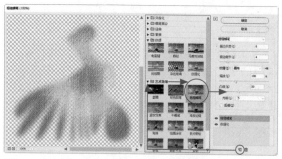

图2-94

07 按Ctrl+[快捷键，将该图层向下移动一个堆叠顺序，调整到蜡笔线条所在的图层下方，让蜡笔线条显示出来，如图2-95和图2-96所示。

图2-95　　　　　　　　图2-96

08 单击"调整"面板中的 ▦ 按钮，创建"色相/饱和度"调整图层，调整色相参数可改变蜡笔颜色，如图2-97和图2-98所示。

图2-97　　　　　　　　图2-98

2.4.4　马克笔

01 单击"图层"面板底部的 ⊞ 按钮，新建一个图层。选择画笔工具 ✐ ，在"画笔"下拉面板中选择"小圆头水彩笔"笔尖，如图2-99所示。将前景色设置为洋红色（R228，G0，B127）。在"路径"面板中单击"路径1"，单击面板底部的 ◯ 按钮，描边路径，如图2-100所示。

图2-99　　　　　　　　图2-100

02 按住Ctrl键单击"图层"面板底部的 ⊞ 按钮，在当前图层下方新建一个图层，如图2-101所示。将画笔"大小"调整为100像素，如图2-102所示。

图2-101　　　　　　　　图2-102

03 将前景色设置为浅粉色（R241，G158，B194），在裙子内部上色。操作时要一笔一笔地涂抹，不要全部涂满，要能见到笔触，如图2-103所示。将前景色设置为浅洋红色（R234，G104，B162），绘制裙子的阴影，如图2-104所示。

图2-103　　　　　　　　图2-104

2.4.5　水彩笔

01 新建一个图层。选择画笔工具 ✐ ，在"画笔"下拉面板中选择"水彩小溅滴"笔尖，设置"大小"为5像素，如图2-105所示。将前景色设置为

黄色（R255，G241，B0）。在"路径"面板中选择"路径1"，按住Alt键单击面板底部的 ○ 按钮，打开"描边路径"对话框，勾选"模拟压力"复选框，如图2-106所示，这样可以让路径呈现粗细变化。

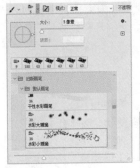

图2-105　　　　　　　　图2-106

02 单击"确定"按钮，用画笔描边路径，如图2-107所示。新建一个图层，如图2-108所示。

图2-107　　　　　　　　图2-108

03 调整前景色，如图2-109所示。再次描边路径。这一层紫色叠加在黄色描边上，可形成自然、柔和的色彩变化，如图2-110所示。

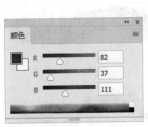

图2-109　　　　　　　　图2-110

04 执行"滤镜"|"其他"|"最小值"命令，设置"半径"为1像素，如图2-111所示。该滤镜可以扩展黑色像素，收缩白色像素，用这种方法能使线条变粗，如图2-112所示。

05 执行"编辑"|"渐隐最小值"命令，打开"渐隐"对话框，设置"不透明度"为50%，将滤镜效果的强度降低一半，如图2-113和图2-114所示。

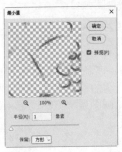

图2-111　　　　　　　　图2-112

图2-113　　　　　　　　图2-114

06 在线稿图层下方新建一个图层。在"画笔"下拉面板中选择"平扇形多毛硬毛刷"笔尖，设置"大小"为32像素，设置"不透明度"为25%，如图2-115所示。在裙子上涂抹浅蓝色，如图2-116所示。

图2-115　　　　　　　　图2-116

07 用"柔边圆"笔尖在裙子上绘制天蓝色和浅粉色，如图2-117所示。选择"水彩小溅滴"笔尖，在裙子上面涂些黄色，如图2-118所示。

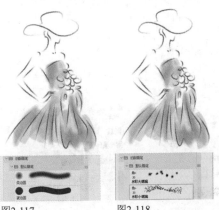

图2-117　　　　　　　　图2-118

2.5 表现透明度变化

马克笔和水彩都具有透明特征，所绘颜色不会完全遮盖其下方的图画及画纸。水粉则是一种不透明颜料，如果涂得很薄，也可形成半透明的涂层，虽然色彩没有水彩鲜亮，但也能够透出下方内容。透明效果在Photoshop中表现为位于当前绘画图层下方的图层（如图像或背景）隐约可见。下面介绍几个绘画技巧，能表现"颜料"的透明度变化。

2.5.1 调整工具的不透明度

画笔工具 ✐、铅笔工具 ✐ 和渐变工具 ▦ 的选项栏都有"不透明度"选项，如图2-119所示，可以控制"颜料"的透明度。想让"颜料"透明，提前将该数值调低即可。下面介绍具体应用实例。

图2-119

01 按Ctrl+O快捷键打开素材，如图2-120所示。单击"裙子"图层，将其选取。单击"图层"面板底部的 ⊞ 按钮，在其上方新建"图层1"，如图2-121所示。按Alt+Ctrl+G快捷键创建剪贴蒙版，如图2-122所示，用它来限定"图层1"的显示范围。接下来绘画时，即便绘画范围超出了裙子区域，也不会显示。

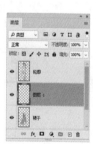
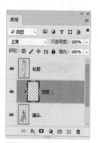

图2-120　　图2-121　　图2-122

02 选择画笔工具 ✐，设置"不透明度"为50%。在"画笔"下拉面板中选择"散布枫叶"笔尖，如图2-123所示。在"色板"面板中拾取"纯红橙"色作为前景色，如图2-124所示。

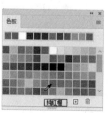

图2-123　　图2-124

03 在裙子上拖曳光标，绘制枫叶图案。由于画笔工具 ✐ 修改了"不透明度"，枫叶会呈现半透明效果，如图2-125所示。如果画笔工具 ✐ 的"不透明度"为100%，则枫叶将像图2-126所示的那样完全遮挡住下方图像。

图2-125　　　　图2-126

2.5.2 为笔尖添加不透明度变化

使用画笔工具 ✐ 时，所绘笔迹会呈现与"不透明度"值相应的透明效果。如果感觉缺少变化，可以在"画笔设置"面板中为笔尖的"不透明度"属性添加抖动，如图2-127所示。

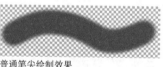

普通笔尖绘制效果

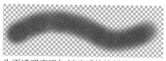

为不透明度添加抖动后的绘制效果

图2-127

提高"不透明度抖动"值，再将"流量抖动"值也调高后，便可加大"颜料"流量的变化程度。如果想获得更大的变化，可在"控制"下拉列表中选择"渐隐"选项并设置范围。

"湿度抖动"和"混合抖动"选项只有在计算机配置数位板后才能使用。

2.5.3 将笔迹擦薄

橡皮擦工具 ✐ 可以擦除图像。在默认状态下，它会将图像完全擦掉。如果降低其"不透明度"值，例如，从100%调整为50%，如图2-128所示，则工具的"力道"就会变小，要想将图像完全清除，需要多次擦拭。而在这一过程中，每擦一次，图像就会变得透明一些。因此，在"不透明度"值低于100%的状态下，使用橡皮擦工具 ✐ 可以将"颜料"擦薄，如图2-129和图2-130所示。

图2-128

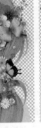

原图
图2-129

将头发擦出透明效果
图2-130

2.5.4 调整图层的不透明度

如果图稿已经绘制好，但出于效果的考虑，想让图像透明一些，以便更好地融合到背景中，可以采用修改图层的"不透明度"的方法。

图层的"不透明度"是一种调整图层内容显示程度的功能。默认状态下，图层的"不透明度"为100%，此时图层内容完全显示并遮挡下方图层，如图2-131所示；"不透明度"低于100%时，会呈现出一定的透明效果，这时，位于其下方的图层便显现出来，如图2-132所示。其规律为：上方图层的"不透明度"值越低，下方图层所显现的内容越清晰。如果将"不透明度"调整为0%，则图层完全透明，相当于将图层隐藏了一样，此时下方图层会完全显现。

图2-131

图2-132

2.5.5 用图层蒙版控制透明度

透明度处理方法··

如果梳理前面介绍的几种透明度的处理方法，可以发现以下特点。

预先对画笔工具 ✐ 或其他绘画类工具的"不透明度"值进行调整，可以绘制出呈现透明效果的笔触，这是最常用的方法。但要达到理想效果，还需要一些工具来配合。例如，绘制好图画后，想要让某些线条或着色区域更加透明，需要使用橡皮擦工具 ✐ 进行擦拭。这种方法只适合修改小范围的、细节或局部内容，而且会破坏图画内容（图像）。

调整图层的不透明度是最简单、快速的方法，而且不受限制，可随时修改且不会损伤图像。其缺点是在一个图层上，如果只想让某些区域呈现透明效果，甚至透明的程度也有所不同，就没有办法操作。因为"不透明度"选项控制的是整个图层。

在这种情况下，是不是应该将所要编辑的图像分离到单独的图层上（即抠图），再调整其"不透明度"呢？这种操作思路是可行的，只是太麻烦。Photoshop中有一个可以对不透明度进行分区调节的工具——图层蒙版。

图层蒙版是图像合成工具，即通过图层蒙版将部分图像内容遮挡住，从而完成多幅图像的拼接与无缝合成。其实质则是图像的不透明度发生改变之后所呈现的结果。要掌握其方法和规律，需要了解图层蒙版的使用原理。

图层蒙版的使用原理···

图层蒙版是一种灰度图像。灰度图像只有色调变化而无色彩。变化范围为0（黑）~255（白），共256级色阶，如图2-133所示。图层蒙版附加在图层上，可以遮挡图层，使部分或全部内容不可见。遮挡程度由灰色的强度（深、浅）决定。图2-134所示的是这样一个图层蒙版，它包含了黑色、白色和灰色3种颜色，以及从黑到白的渐变色过渡。

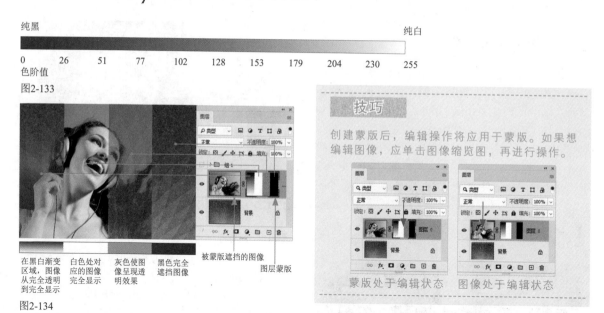

图2-133

图2-134

可以看到，蒙版中纯白色区域所对应的图层内容是完全显示的。这说明白色的图层蒙版会将图层的"不透明度"设定为100%。再来看蒙版中的纯黑色区域，它对图层形成了完全遮挡，这就相当于将图层的"不透明度"设定为0%。蒙版中的灰色没有白色的色调浅，因而图像不能100%地完全显示；它也没有黑色的色调深，其遮挡效果弱于黑色，也就不能将图层内容完全隐藏。这种介于显示和被隐藏之间的"朦胧"的状态，会让图层内容呈现一定的透明效果。其规律是：灰色越深，越接近黑色，图层的透明度就越高。掌握了这一原理，就可以用画笔工具 🖊 和渐变工具 ■ 修改蒙版中的灰色来控制图层的透明度。

2.6 表现色彩的融合效果

绘画时，笔迹出现重叠，颜料就会相互融合，这既是一种自然现象，也是绘画的表现技巧。在Photoshop中，色彩融合需要设置才能呈现，不会自然发生。

2.6.1 通过叠加笔触混合颜色

使用透明颜料绘画时，如马克笔和水彩，当不同颜色的笔触叠加时，笔迹会叠透，其中的颜色也会相应地改变。

笔迹叠透就是上层笔迹不会完全遮盖下层笔迹。这种效果在Photoshop中可以用不同的方法实现。例如，可降低画笔工具的"不透明度"值，赋予"颜料"（前景色）透明属性，再进行绘画；或者调整图层的"不透明度"，让图层之间产生混合。

这两种方法都不太理想，因为从效果上看，笔触发生叠透的同时，颜色也会变淡。

比较好的解决办法是将需要叠加的笔触绘制在不同的图层上，之后为图层设置混合模式（如果需要在一个图层上绘画，可先在工具选项栏中为画笔工具选

择一种混合模式，再进行绘画）。

混合模式可以让当前图层中的像素与下方图层中的像素以特殊的方式混合。与调整图层和工具的"不透明度"所形成的叠透效果相比，这种方法能在叠透的同时改变色相、明度和饱和度，产生丰富的变化。利用其独特之处，可以让相互叠加的"颜料"看上去像是融合了一样。图2-135~图2-137所示为这几种方法的区别。

未设置"不透明度"
图2-135

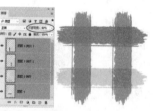

图层的"不透明度"调低后生成的混合效果
图2-136

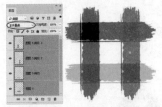

设置混合模式为"正片叠底"后生成的混合效果

图2-137

如果要为一个图层设置混合模式，需要先单击该图层，将其选取，之后单击"图层"面板顶部的 ÷ 按钮，在打开的下拉列表中进行选择。具体操作时，可以在混合模式选项的上方双击，当选项处出现蓝色的细框时，滚动鼠标中间的滚轮，或按↓、↑键快速切换混合模式。混合模式不会对图像造成损坏，可以随时添加、修改和取消（即选择"正常"模式）。

混合模式分为6组，共27种，每组中的模式能产生相近的效果，如图2-138所示。在混合颜色上，比较接近于真实绘画效果的有"叠加""正片叠底""柔光""滤色"等。有些对色彩的改变较大，不适用于绘画，如"实色混合"和"差值"等。

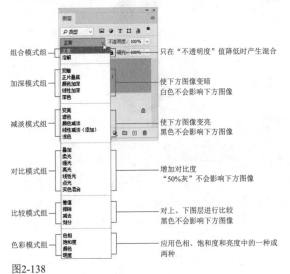

图2-138

2.6.2 控制颜料的流动与扩散

使用水粉和水彩颜料绘画时，在尚未干燥的笔迹上再次描绘，颜料会在重叠处会相互混合，并沿画笔的移动方向流动和扩散。这种效果在Photoshop中也可以实现。

关于颜料流动的问题，可以这样理解——这是颜料形状发生改变的一种表象，是一种变形。而颜料扩散则不同，它不只会变形，还能与周围的颜料融合。因此，变形和融合最为关键。

Photoshop中有很多变形功能，如涂抹工具 🔊，"编辑"菜单中的"操控变形"命令，"编辑"|"变

换"菜单中的"扭曲""变形"命令，"液化"滤镜等。但能实现图像融合的并不多，涂抹工具 🔊 便是其中之一。

使用涂抹工具 🔊 在绘画笔迹上拖曳光标，"颜料"会沿着光标的移动方向"流动"。如果将移动范围扩大，则"颜料"还会呈现出扩散效果，如图2-139和图2-140所示。

图2-139　　　　　　图2-140

这是一种非常真实的体验，与用手指去混合调色板上的颜料相似。在画布上，画笔在图像中留下划痕，颜料流动、融合的同时，甚至还略带迟滞，真实感非常强。

2.6.3 融合颜料

混合器画笔工具 🖌️ 是增强版的涂抹工具 🔊，它能更真实地模拟绘画技术，不仅可以混合画布上的颜色，还能混合画笔上的颜料（颜色）。甚至它能在光标拖曳过程中模拟不同湿度的颜料所产生的绘画痕迹，如图2-141和图2-142所示。

图片素材　　　　　用混合器画笔工具涂抹
图2-141　　　　　图2-142

下面通过制作服装面料来学习色彩融合的方法。服装面料图案可以使用日常生活中拍摄的花卉素材，在其基础上进行二次创作，通过混合器画笔工具 🖌️ 将花卉变成抽象的图案，为服装设计效果图增添表现力。

01 按Ctrl+O快捷键打开两个素材，如图2-143和图2-144所示。

图2-143　　　　　图2-144

02 使用移动工具 ✛ 将花朵拖入服装设计效果图文档中，放在"图层2"上方，如图2-145和图2-146所示。

图2-145　　　　　图2-146

03 按Alt+Ctrl+G快捷键创建剪贴蒙版，用裙子限定花朵的显示范围，裙子之外的花朵会被隐藏，如图2-147和图2-148所示。

图2-147　　　　　图2-148

04 选择混合器画笔工具 ✍，在工具选项栏中选择"柔边圆"笔尖及"只载入纯色"选项，这样确保涂抹时拾取单色，其他参数设置如图2-149所示。"潮湿"使用默认的50%即可，它控制画笔从图像中拾取的颜料量，如果想要得到较长的绘画痕迹，可以将该值调高。"载入"选项用来指定储槽中载入的颜料量，该值越低，颜料干燥的速度越快。"混合"选项设置为100%，这样所有颜料都从图像中拾取（比例为0%时，所有颜料都来自储槽）。

图2-149

05 由裙子腰部的亮色开始，向左下方裙角处一笔一笔地涂抹，如图2-150和图2-151所示。也可以反复涂抹，让油彩大面积融合，但笔触的痕迹会变弱。

图2-150　　　　　图2-151

06 单击"调整"面板中的 按钮，创建曲线调整图层。在曲线上单击，添加控制点，之后向上拖曳控制点，使曲线上扬，让高光区域的色调更加明亮，裙子的色彩就会变得鲜亮动人，如图2-152和图2-153所示。

图2-152　　　　　图2-153

2.6.4　颜色渐变

在"2.3.10　一笔画出多种颜色"一节中，介绍了一个能让笔尖颜色产生变化的方法，即调节"颜色动态"选项。由于只是给定了一个参数范围，颜色变化是Photoshop在这个范围内随机生成的，因而能控制的东西并不多。要想对颜色变化完全把控，可以使用渐变工具 。

渐变工具 可以填充渐变颜色。这是由两种或更多颜色逐渐过渡所生成的填色效果，它有5种基本样式，如图2-154~图2-158所示。选择该工具后，可以单击工具选项栏中的一个按钮，选择其中的一种渐变样式，如图2-159所示。

线性渐变　　　　径向渐变　　　　角度渐变
图2-154　　　　图2-155　　　　图2-156

对称渐变 ▭
图2-157

菱形渐变 ◆
图2-158

渐变类型按钮
图2-159

如果要调整渐变颜色，可以单击工具选项栏中的渐变颜色条，如图2-160所示，打开"渐变编辑器"对话框进行设置，如图2-161所示。

图2-160

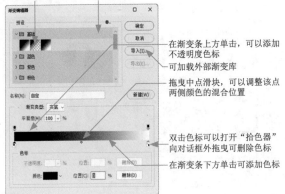

包含透明区域的渐变　预设的渐变

在渐变条上方单击，可以添加不透明度色标

可加载外部渐变库

拖曳中点滑块，可以调整该点两侧颜色的混合位置

双击色标可以打开"拾色器"

向对话框外拖曳可删除色标

在渐变条下方单击可添加色标

图2-161

对话框上方是预设的渐变，下方的渐变颜色条上有几个色标◆。双击◆状色标，可以打开"拾色器"调整其颜色。拖曳色标，可以改变渐变色的混合位置。拖曳两个渐变色标之间的菱形滑块（中点），可调整该点两侧颜色的混合位置。如果想要添加新的渐变颜色，可以在渐变条下方单击添加色标。

设置好渐变颜色后，单击"确定"按钮，关闭"渐变编辑器"对话框，之后在画布上拖曳光标，即可填充渐变。按住Shift键操作，可以填充水平、垂直或以45°角为增量的渐变。

渐变不仅是一种填充功能，还常用来填充图层蒙版，对那些可以添加图层蒙版的对象非常有用。例如调整图层，它自带图层蒙版，将渐变填充到蒙版中，可以控制调整范围和强度。

技巧

渐变条上方是不透明度色标，单击它，之后调整"不透明度"值，可以使色标所在位置的渐变颜色呈现透明效果。

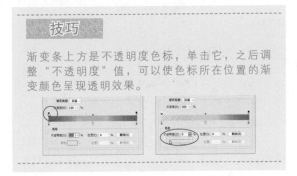

2.7 调整色彩

Photoshop的"图像"|"调整"菜单中有很多专业的调色命令，有的可以选择特定颜色进行调整（如"色相/饱和度""通道混合器"命令），有的可以改变色彩的平衡关系（如"色彩平衡"命令）。此外，也可以使用工具来进行处理。

2.7.1 调整色相和饱和度

在服装设计方面，调色无外乎调整模特照片的色调，调整面料和图案颜色等。"色相/饱和度"命令基本能满足这些需求。

色彩的组成要素包括色相、饱和度和明度，"色相/饱和度"命令可以对其中的每一个要素进行修改。它提供了3个选项，如图2-162所示。"色相"选项用于改变色相的颜色；"饱和度"选项可以将颜色调得更加鲜艳，或使其变得暗淡；"明度"选项可以使色调变亮或变暗。这3个选项既可输入数值，也可通过拖曳滑块来调整。

单击⌄按钮，打开下拉列表，可以筛选颜色，如图2-163所示。

图2-162 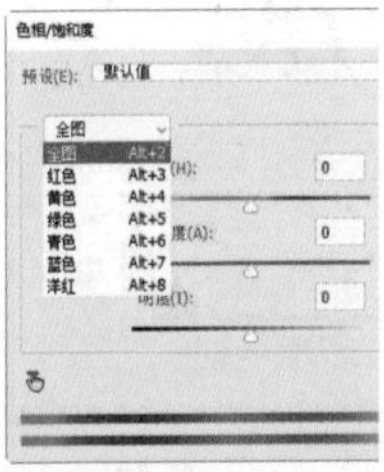　　图2-163

"全图"是默认选项，表示调整将影响整幅图像的色彩；"红""绿""蓝"是色光三原色；

41

"青""洋红""黄"是印刷三原色。选择其中的一种颜色，即可对其色相、饱和度和明度进行调整，如图2-164所示。

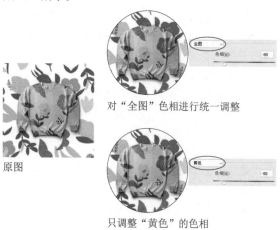

对"全图"色相进行统一调整

原图

只调整"黄色"的色相

图2-164

2.7.2 调整明度

"色相/饱和度"命令不能对明度的范围进行细分，在调整明度方面，效果不太理想。"色阶"和"曲线"与之相比更加专业。

首先来看"色阶"。它把明度划分为阴影、中间调和高光3个区域，并通过3个滑块来控制这3个区域的明暗，如图2-165所示。

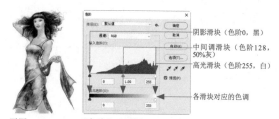

阴影滑块（色阶0，黑）

中间调滑块（色阶128，50%灰）

高光滑块（色阶255，白）

各滑块对应的色调

原图　　　　　"色阶"对话框

向右拖曳阴影滑块，暗部区域的色调会变得更暗　　向左拖曳高光滑块，亮部区域的色调会变得更亮

图2-165

"曲线"的操作方法较为特殊。在默认状态下，它是一条45°角的斜线，两端各有一个控制点，

如图2-166所示。在其上方单击，可以添加控制点，拖曳控制点，将直线调整为曲线，即可对色调产生影响。对于RGB模式的图像，曲线上扬，相应的色调会变亮，如图2-167所示；曲线下降，则色调会变暗，如图2-168所示。CMYK模式的图像正好相反。

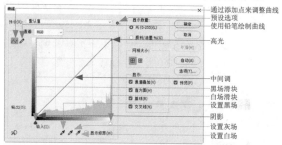

通过添加点来调整曲线

预设选项

使用铅笔绘制曲线

高光

中间调

黑场滑块

白场滑块

设置黑场

阴影

设置灰场

设置白场

在默认状态下，曲线是一条45°角的斜线

图2-166

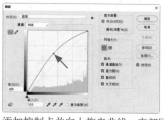

添加控制点并向上拖曳曲线，亮部区域的色调会变得更亮

图2-167

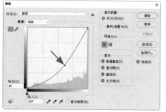

向下拖曳曲线控制点，暗部区域的色调会变得更暗

图2-168

在图像上单击，并在想要调整的区域移动光标，曲线上会出现一个小圆圈并同步移动。通过这种方法可以了解需要调整的色调对应的是曲线中的哪一段位置，之后便可针对这一段曲线进行调整。按住Ctrl键单击，曲线上会添加一个控制点，将光标下方的色调标记出来。如果要删除一个控制点，可单击后按Delete键。

2.7.3 用工具修改明度

Photoshop中有两个基于传统摄影技术开发的工具，即减淡工具 🔍 和加深工具 👆 ，它们模拟的是摄影师通过遮挡光线使照片中的某个区域变亮（减淡），或增加曝光度使照片中的部分区域变暗（加深），可以用来修改明度。

这两个工具有点类似"色阶"命令，可以单独处理阴影、中间调和高光。具体范围在工具选项栏的

"范围"下拉列表中选取。相对于"色阶"命令，使用工具可以只处理光标下方的图像，因而针对性更强。图2-169所示为对裙子进行处理时的效果。

样，让色调变得更亮或者更暗。如果想避免色调出现强反差，可以将该值调低。需要注意的是，色彩的饱和度发生改变以后，会使色调也发生变化。例如，增加饱和度时，色调会变深。如果不想影响色调，可以勾选"保护色调"复选框。

2.7.4 用工具修改饱和度

海绵工具  可以修改色彩的饱和度。需要提高某一区域的饱和度时，选择一个合适的笔尖，并在工具选项栏中选择"饱和"选项，之后在其上方拖曳光标即可，如图2-170所示。要降低饱和度，可先选择"降低饱和度"选项，再进行处理，如图2-171所示。

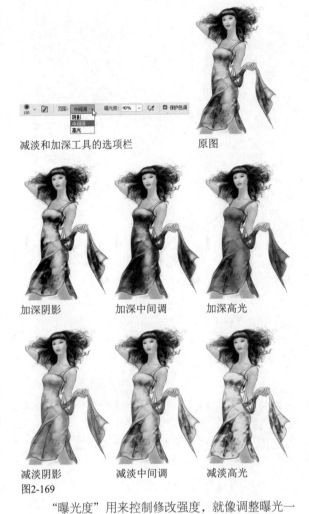

减淡和加深工具的选项栏   原图

加深阴影   加深中间调   加深高光

减淡阴影   减淡中间调   减淡高光
图2-169

"曝光度"用来控制修改强度，就像调整曝光一

提高裙子的饱和度   降低裙子的饱和度
图2-170   图2-171

使用该工具时，只要不释放鼠标左键，就会持续地进行处理。这会出现两种极端情况。进行降低饱和度操作时，色彩被清除，只保留明度信息（即灰度图像）；增加饱和度时，会出现溢色（过于饱和的颜色），色彩变得非常艳丽、夸张，给人不真实的感觉。如果不想出现过于饱和的颜色，可以提前选择"自然饱和度"选项。如果想降低修改强度，进行细微调整，可以将"流量"值调低。

2.8 处理手绘线稿

手绘的画稿通过扫描仪、相机或手机等转换为电子图像后，一般会由于设备或拍摄的原因造成偏色、变形、清晰度不够等问题。下面介绍如何用Photoshop处理这些问题。

2.8.1 从扫描的线稿中提取线条

01 按Ctrl+O快捷键打开画稿素材，如图2-172所示。这是画在白纸上的效果图线稿，通过扫描

仪转换为电子文档。可以看到画纸颜色，以及由于画纸不平整而形成的阴影等都被记录到图像中。下面首先要做的是将背景处理为白色，之后将线条从背景上抠出来，放到单独的图层上（这一操作称为"抠

图"）。绘制服装设计效果图时，一般会将轮廓线条、服装的填色部分、背景等分别放置在单独的图层中，以便于调整和修改。将扫描线稿中的线条提取出来，可以为下一步的服装绘制提供方便。

02 按Ctrl+M快捷键打开"曲线"对话框，选择设置白场工具 ，如图2-173所示。

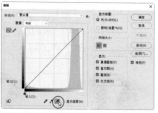

图2-172　　　　　图2-173

03 在背景上找一处深灰色区域，在其上方单击，Photoshop会将单击点的像素调整为白色，同时比该点亮度值高的像素也会变为白色。用这种方法反复尝试，直到找到一个恰当的位置，单击以后，让背景全部变为白色，如图2-174所示。

图2-174

04 选择魔棒工具 ，在白色背景上单击，将背景选取，如图2-175所示。执行"选择"|"选取相似"命令，将选区扩大到所有白色背景区域，如图2-176所示。

图2-175　　　　　图2-176

05 按住Alt键双击"背景"图层，将其转换为普通图层，如图2-177所示。按Delete键删除选区内的白色图像，这样就将线稿的背景删除了，如图2-178所示。

图2-177　　　　　图2-178

06 按住Ctrl键，单击"图层"面板底部的 按钮，在"图层0"下方新建一个图层。按Ctrl+Delete快捷键填充背景色（白色），如图2-179所示。单击"图层0"，如图2-180所示。

图2-179　　　　　图2-180

07 线稿的颜色不仅限于黑色，也可以通过调整使其变为彩色。按Ctrl+U快捷键打开"色相/饱和度"对话框，勾选"着色"复选框，调整参数，使线条变为蓝色，如图2-181和图2-182所示。

图2-181　　　　　图2-182

08 选择橡皮擦工具 ，将残留的污点擦除。再将五官的线条擦细，使其与服装的线条在粗细上有所区分，如图2-183和图2-184所示。

图2-183

图2-184

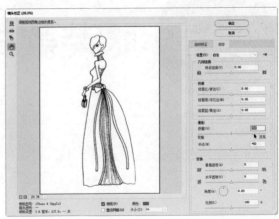

图2-187

2.8.2 校正相机拍摄的暗角

用相机或手机拍摄画稿，再通过无线网络传输到计算机中，也是一个常用方法。但由于镜头本身的质量或技术原因，拍摄的照片会有一些缺陷。例如，画面的边角有暗角。Photoshop中的"镜头校正"滤镜可以解决此问题。

01 按Ctrl+O快捷键打开服装设计效果图素材。按Ctrl+M快捷键打开"曲线"对话框，选择设置白场工具 ✐，在图2-185所示的位置单击，将单击点的像素调整为白色，并通过它去校正其他色调。也可以连续单击，进行多次校正，如图2-186所示。

图2-185

图2-186

02 执行"滤镜"|"镜头校正"命令，打开"镜头校正"对话框。单击"自定"选项卡，显示手动设置选项，向右拖曳"晕影"选项组中的"数量"滑块，将边角调亮（向左拖曳会变得更暗），如图2-187所示。按Enter键关闭对话框。

2.8.3 校正透视扭曲

拍摄画稿时，相机应尽量与画面垂直，才能避免出现变形。如果相机与画面是非垂直角度，画面会呈现近大远小的透视扭曲，如图2-188所示。出现这种状况，用变形的方法处理效果最好。

01 打开素材。按Ctrl+J快捷键复制"背景"图层，如图2-189所示。

02 将光标放在文档窗口右下角的 ◢ 图标上，按住鼠标左键进行拖曳，将窗口范围调大。按Ctrl+T快捷键显示定界框，如图2-190所示。按住Alt+Ctrl+Shift快捷键向外拖动定界框的右上角，校正透视畸变，直到画纸的边缘线与文档边缘平行，如图2-191所示。按Enter键确认。

图2-188

图2-189

图2-190

图2-191

3.1 服装造型与人体的关系

服装的整体造型——廓型有3个关键点，即包裹住身体部分的衣长、外形线，以及使这个形状成立的结构线。人体着装有着宽窄、松紧的视觉效果之分。服装的廓形既可以适应人的体型，又可在此基础上对形体加以夸张和归纳。例如，用松身和紧身的方式来改变人体的自然形态。

　　服装流行趋势的更替主要表现为廓形的变换。迪奥（Christian Dior，1903~1957）曾用A、H、X、O和Y等字母，形象地概括了服装的整体外部轮廓造型，如图3-1和图3-2所示。

● A型：指形状类似字母A，特征是上小下大，具有修饰肩膀、夸张下部的作用，如披风、喇叭裙、喇叭裤等。这种款式的服装活泼、潇洒，可以展现女性的典雅高贵之美。

● H型：肩、腰、下摆部的宽度基本相同，呈直线方型，舒适、自由且合体，如直身衬衣、直筒裤、连衣裙等。这种款式的服装能充分显示细长的身材，具有庄重、朴实的美感。

● X型：特征是阔肩、收腰、下摆宽大，外轮廓起伏明显。这种款式的服装既适合表现男性的阳刚气质，又可充分显示女性的性感魅力。

● O型：外形呈圆弧状，因而又被称为郁金香型。外部轮廓线无明显的棱角，且较宽松，给人以含蓄、温和的美感，也可以使女性更显丰腴。

● Y型：即倒梯形。特征是上大下小，设计重点在于夸大肩部。具有大方、干练、严肃、庄重的风格特点。

● V型：是一种肩部宽，至下摆渐渐收紧的倒三角形款式。

● I型：形状类似于字母I，是一种纤细修长的款式。

● 8字型：与数字8相像，可以充分强调女性的溜肩，展现蜂腰。

● 鞘型：衣服像刀剑的鞘一样将身体包裹在里面。

● 直筒型：一种直线形款式，也称箱形、矩形。

● 袋型：像袋子一样可以直接套进去，是一种较为宽松的款式。

● 公主线型：用侧面的两根纵向结构线将腰身收紧，然后从腰到下摆逐渐变得宽大。

● 美人鱼型：与美人鱼造型相似的一种款式。特征是膝盖以上的衣服与身体完全贴合，下摆处呈宽宽的喇叭状，形似鱼尾。

● 合体大摆型：上半身跟身体完全贴合，从腰部到裙摆渐渐展开。

● 紧身型：与身体完全贴合的一种款式。

● 陀螺型：轮廓线类似于木桶，上方膨胀，越向下收得越紧，也称纺锤形。

● 蛋壳型：与鸡蛋外形相似，为圆润鼓起的轮廓。

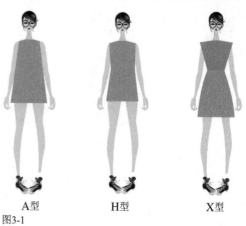

A型　　　　H型　　　　X型
图3-1

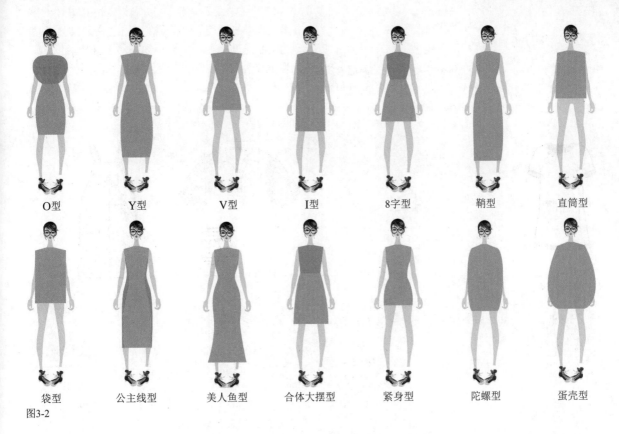

| O型 | Y型 | V型 | I型 | 8字型 | 鞘型 | 直筒型 |

| 袋型 | 公主线型 | 美人鱼型 | 合体大摆型 | 紧身型 | 陀螺型 | 蛋壳型 |

图3-2

3.2 服装的形式美法则

服装的形式美即服装的外观美。在长期的实践中，人们通过对服装的鉴赏和创造，逐步发现了服装的形式美法则。

3.2.1 比例

比例的概念源于数学，用来表示同类量之间的倍数关系。服装的外观要给人以美的享受，构成服装外观形式的各种因素就需要保持良好的数量关系。如上下装的面积、色彩的分量、衣领的大小、口袋的位置等，如图3-3和图3-4所示。

图3-3

图3-4

3.2.2 平衡

平衡是指在一个整体中，对立的各方在数量或质量上相等或相抵后呈现的一种静止状态。当服装造型元素按对称的形式放置时，就会给人平稳、安静的感受，如图3-5所示。如果按照非对称的形式放置，则会呈现出多变、生动的平衡美，如图3-6所示。

图3-5

图3-6

3.2.3 呼应

呼应是事物之间相互照应的一种形式。在服装设计中，相同的装饰、图案、色彩，或者相同的材料等出现在不同部位，就可以产生呼应效果，如图3-7和图3-8所示。

图3-7　　　　　　　图3-8

3.2.4 节奏

节奏是指有秩序的、不断运动的形式。服装的节奏美可以通过相同的点、线、面、色彩、图案、材料等重复出现来表现，使之在视觉上产生节奏感，如图3-9和图3-10所示。

图3-9　　　　　　　图3-10

3.2.5 主次

主次是对事物的局部与局部之间、局部与整体之间的组合关系的要求。款式、色彩、图案、材料等

是构成服装外观美的要素，在运用这些要素时，要处理好它们之间的主次关系，或以款式变化为主，或以色彩变化为主，或以图案变化为主，或以材料变化为主，而让其他要素处于陪衬地位。起主导作用的要素突出了，服装也就有了鲜明的个性和风格，如图3-11和图3-12所示。

图3-11　　　　　　　图3-12

3.2.6 多样统一

多样统一是形式美的基本法则，也是比例、平衡、呼应、节奏、主次等形式法则的集中概括。多样和统一相辅相成，不可分割。强调变化的服装活泼、俏丽，要想避免杂乱，需体现各个因素的内在联系；强调统一的服装端庄、整齐，要想避免呆板，则应添加适当的变化，如图3-13~图3-15所示。

图3-13　　　　　图3-14　　　　　图3-15

3.3 Photoshop绘图工具

在Photoshop的工具中，用绘图类工具（即钢笔和各种形状工具）绘制曲线和各种图形要明显优于画笔、铅笔等绘画类工具，所绘矢量图形修改起来也十分方便。矢量图形还可无损缩放，非常适合用于经常变换尺寸或以不同分辨率打印的作品。

3.3.1 矢量图形的构成

矢量图形也叫矢量形状或矢量对象，是由被称作矢量的数学对象定义的直线和曲线构成的。在

Photoshop中，主要是指用钢笔工具 或形状工具绘制的路径和形状，以及加载到Photoshop中的由其他软件制作的可编辑的矢量素材。

从外观上看，路径是一段一段的线条状轮廓，各

个路径段由锚点连接，路径的外形也通过锚点调节，如图3-16所示，其形状则呈现图形化外观。以PSD、TIFF、JPEG和PDF格式保存文件时，可以存储路径。

3.3.2 路径可以转换为哪些对象

未填色或描边时，如果取消路径的选择，路径就会"隐身"。从路径中可以转换出6种对象，包括选区、形状图层、矢量蒙版、文字基线、填充颜色的图像和用颜色描边的图像，如图3-17所示。通过这些转换，可以完成绘图、抠图、图像合成、创建路径文字等工作。

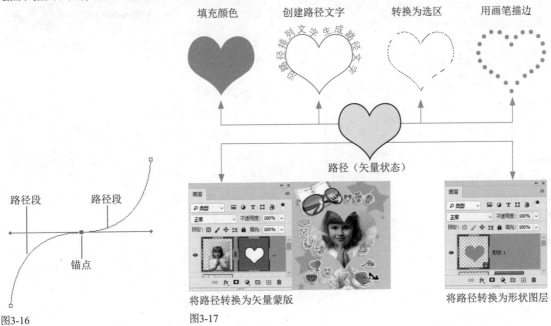

图3-16

图3-17

将路径转换为矢量蒙版　　　　将路径转换为形状图层

3.3.3 绘图模式

Photoshop中的绘图工具可以创建3种对象，即形状、路径和图像。使用前，需要在工具选项栏中选择一种绘图模式，再进行绘制，如图3-18所示。"形状"模式可绘制矢量对象，并以形状图层的形式保存在"图层"面板中，"路径"面板中也会保存相应路径，而且在工具选项栏中可以设置形状内部的填充内容，或者为其描边。使用"路径"模式绘制出的是路径，保存在"路径"面板中。使用"像素"模式可以在当前图层中绘制出用前景色填充的图像。

形状　　　　　　　　　　　　路径　　　　　　　　　　　　像素

图3-18

3.3.4 用形状工具绘图

形状工具可以绘制矩形、圆角矩形、圆形、椭圆、多边形、星形和直线。

1. 绘制图形

● **矩形工具** ▭：拖曳光标可以绘制矩形；按住 Shift 键并拖曳光标可以绘制正方形，如图 3-19 所示。创建矩形后，在"属性"面板中设置圆角半径，可以得到圆角矩形，如图 3-20 所示。

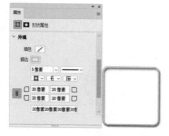

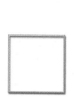

图3-19　　　　图3-20

● **椭圆工具** ◯：拖曳光标可以绘制椭圆形和圆形（按住 Shift 键），如图 3-21 所示。

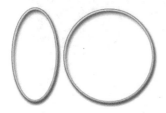

图3-21

● **三角形工具** △：拖曳光标可以绘制三角形。

● **多边形工具** ◯：用来创建三角形、多边形和星形。选择该工具后，可以在工具选项栏的 (#) 选项中设置多边形（或星形）的边数。如果要创建星形，还需单击工具选项栏中的 ✿ 按钮，打开下拉面板设置星形的比例等参数，如图 3-22 所示，效果如图 3-23 所示。

图 3-22

五边形　　　星形（5边）　　　平滑星形缩进

图3-23

● **直线工具** ╱：用来绘制直线和带有箭头的线段，如

图 3-24 所示。按住 Shift 键拖曳光标，可以锁定水平或垂直方向。

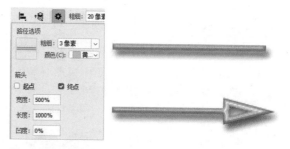

图3-24

> **提示** *Point*
>
> 使用形状类工具（包括自定义形状工具）拖曳光标绘制出形状后，不要释放鼠标左键，按住空格键移动光标，可以移动形状；释放空格键继续拖曳，可调整形状大小。将此操作连贯起来，可以动态调整形状的大小和位置。

2. 修改实时形状

在工具选项栏中选择"形状"或"路径"选项，以形状图层或路径的形式绘制出矩形、三角形、多边形和直线后，如图 3-25 所示，可以拖曳图形上的控件调整形状的大小和角度，也可将直角改成圆角，如图 3-26 所示。相关的调整也可通过"属性"面板来进行。

图3-25

图3-26

3.3.5 自定义形状工具

需要绘制 Photoshop 中预设的形状，或者从外部加载的形状时，可以使用自定形状工具操作。

1. 绘制图形

选择自定义形状工具 ✿，打开"形状"面板，或单击工具选项栏中的·按钮，打开"形状"下拉面板选择形状，如图 3-27 所示，拖曳光标即可绘制图形，如图 3-28 所示。如果要保持形状的比例，可以在绘制时按住 Shift 键。

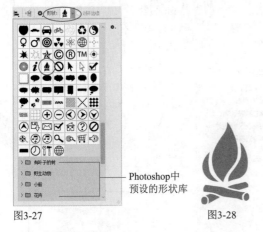

图3-27　　　　　　　　　　　图3-28

Photoshop中
预设的形状库

2. 加载外部形状库

单击"形状"面板右上角的 ▤ 按钮，打开面板菜单，如图3-29所示，执行"旧版形状及其他"命令，可加载Photoshop早期版本预设的形状。执行"导入形状"命令，可以加载外部形状库（如从网上下载的形状库），如图3-30和图3-31所示。

图3-29

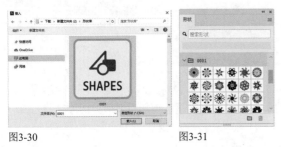

图3-30　　　　　　　　　　　图3-31

如果想删除形状库，可先单击其所在的组图标 ⌄▢，之后单击"形状"面板中的 🗑 按钮。

3. 保存形状

绘制图形后，执行"编辑"|"定义自定形状"命令，可将其保存到"形状"面板中，成为一个预设的形状。

3.3.6 为形状设置填充内容

在工具选项栏中选择"形状"选项后，可单击"填充"和"描边"按钮，打开下拉面板，如图3-32所示，选择用纯色、渐变或图案对图形进行填充和描边。图3-33所示为采用不同内容对图形进行填充的效

果。如果要自定义颜色，可以单击 ▣ 按钮，打开"拾色器"对话框进行设置。

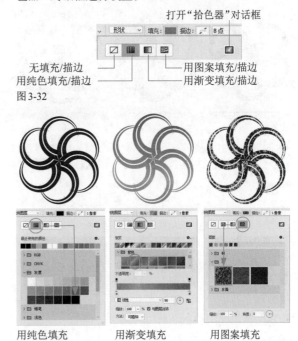

打开"拾色器"对话框

无填充/描边
用纯色填充/描边
用图案填充/描边
用渐变填充/描边

图3-32

用纯色填充　　　用渐变填充　　　用图案填充

图3-33

3.3.7 为形状描边

绘制形状时，可以在"描边"选项组中选择用纯色、渐变和图案为图形描边，如图3-34所示。

用纯色描边　　　用渐变描边　　　用图案描边

图3-34

"描边"右侧的选项用于调整描边粗细，如图3-35所示。单击第2个 ⌄ 按钮，可以打开图3-36所示的下拉面板，修改描边样式和其他参数。

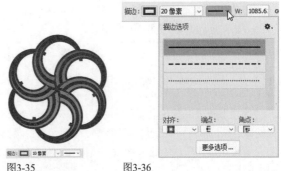

图3-35　　　　　　　　　　　图3-36

● **描边选项**：可以选择用实线、虚线和圆点来描边路径，如图3-37所示。

图3-37

● **对齐**：单击 ⌄ 按钮，可在打开的下拉列表中选择描边与路径的对齐方式，包括内部▣、居中▣和外部▣。

● **端点**：单击 ⌄ 按钮打开下拉列表，可以选择路径端点的样式，包括端面▤、圆形▤和方形▤，效果如图3-38所示。

端面　　　　　圆形　　　　　方形

图3-38

● **角点**：单击 ⌄ 按钮打开下拉列表，可以选择路径转角处的转折样式，包括斜接▤、圆形▤和斜面▤，效果如图3-39所示。

斜接　　　　　圆形　　　　　斜面

图3-39

● **更多选项**：单击该按钮，可以打开"描边"对话框，该对话框中除包含前面的选项外，还可以调整虚线的间隙，如图3-40所示。

图3-40

3.3.8 路径及形状运算

使用形状类工具及钢笔工具时，可以对路径或形状进行运算，以得到所需的轮廓。

单击工具选项栏中的 ◫ 按钮，可以在打开的下拉面板中选择运算方式，如图3-41所示。例如，图3-42

所示的图形中首先绘制邮票图形，之后使用不同的运算方式绘制人物图形，就得到不同的运算结果，如图3-43所示。

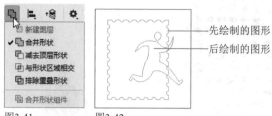

图3-41　　　图3-42

合并形状 ◫　　　　　减去顶层形状 ◫

与形状区域相交 ◫　　　排除重叠形状 ◫

图3-43

3.3.9 用钢笔工具绘图

学习钢笔工具 ⬡ 应从基本图形入手，包括直线、曲线和转角曲线。这些图形看似简单，但复杂的图形也是从基本图形演变而来的。

1. 锚点、方向点、方向线·······················

锚点分为两种，平滑点和角点。平滑点连接平滑的曲线，角点连接直线和转角曲线，如图3-44所示。

平滑点连接的曲线　　角点连接的直线　　角点连接的转角曲线

图3-44

锚点既连接路径，也用于调整路径的形状。在曲线路径段上，锚点两侧有方向线，方向线的端点是方向点，如图3-45所示，拖曳方向点拉动方向线，可以改变曲线的形状，如图3-46所示。

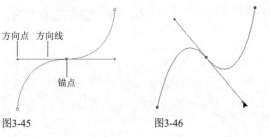

图3-45　　　　　　　　图3-46

2. 绘制直线

选择钢笔工具 ✐ ，在工具选项栏中选择"路径"或"形状"选项，在画布上单击创建锚点，释放鼠标左键，在其他位置单击，可创建直线路径。按住Shift键单击，可锁定水平、垂直或以45°角为增量创建直线路径。如果要封闭路径，可在路径的起点处单击。图3-47所示为一个矩形的绘制过程。

图3-47

如果要结束一段开放式路径的绘制，可以按住Ctrl键（转换为直接选择工具 ▷ ）在空白处单击。也可单击其他工具或按Esc键。

3. 绘制曲线和转角曲线

使用钢笔工具 ✐ 时，通过拖曳光标的方法可以创建平滑点；将光标移动至下一处位置，进行拖曳可创建第二个平滑点；继续创建平滑点，即可生成光滑的曲线，如图3-48所示。

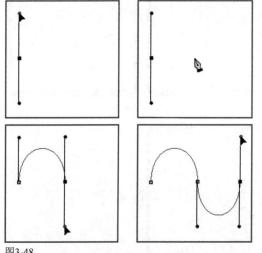

图3-48

绘制出曲线后，将光标放在最后一个平滑点上，按住Alt键（光标变为 ▸ 状）单击，可将其转换为只有

一条方向线的角点，此后在其他位置拖曳光标，可绘制出转角曲线，如图3-49所示。

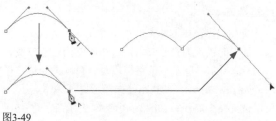

图3-49

4. 在曲线后面绘制直线

绘制一段曲线后，如图3-50所示，将光标放在最后一个锚点上，按住Alt键，如图3-51所示，单击，将平滑点转换为角点，此时其另一侧方向线会被删除，如图3-52所示；在其他位置单击（不要拖曳），可在曲线后面绘制出直线，如图3-53所示。

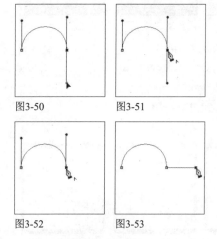

图3-50　　　　图3-51

图3-52　　　　图3-53

5. 在直线后面绘制曲线

绘制出一段直线后，将光标放在最后一个锚点上，按住Alt键，如图3-54所示，拖曳光标，从锚点上拖出方向线，如图3-55所示；在其他位置拖曳光标，可在直线后面绘制出曲线。拖曳方向决定了曲线是S形，如图3-56所示，还是C形，如图3-57所示。

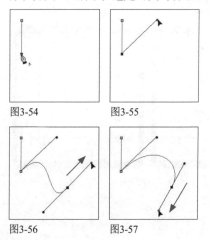

图3-54　　　　图3-55

图3-56　　　　图3-57

3.3.10 修改路径

1. 选择锚点和路径

使用直接选择工具 ▶ 单击一个锚点，可选择该锚点，选中的锚点为实心方块，未选中的为空心方块，如图3-58所示。单击一条路径段时，可以选择该路径段，如图3-59所示。使用路径选择工具 ▶ 单击路径，可以选择整个路径，如图3-60所示。选择锚点、路径段和整条路径后，按住鼠标左键不放并进行拖曳，可将其移动。

图3-58　　　　　图3-59　　　　　图3-60

2. 添加和删除锚点

选择添加锚点工具 ✎，将光标放在路径上方，如图3-61所示，单击可添加锚点，如图3-62所示。如果进行拖曳，则添加锚点的同时还可调整路径形状，如图3-63所示。

图3-61　　　　　图3-62　　　　　图3-63

选择删除锚点工具 ✎，将光标放在锚点上方，如图3-64所示，单击，可删除该锚点，如图3-65所示。此外，使用直接选择工具 ▶ 选择锚点后按Delete键也可将其删除，但用这种方法操作时，锚点两侧的路径段也会同时被删除，导致闭合的路径变为开放的路径。

图3-64　　　　　　　图3-65

3. 调节方向线

直接选择工具 ▶ 和转换点工具 ▶ 可以调整方向

线，改变路径的形状。例如，图3-66所示为原图形，使用直接选择工具 ▶ 拖曳平滑点上的方向点时，方向线始终保持为一条直线，锚点两侧的路径段会同时发生改变，如图3-67所示。使用转换点工具 ▶ 拖曳方向点时，可单独调整任意一侧的方向线，不会影响另外一侧的方向线和同侧的路径段，如图3-68所示。

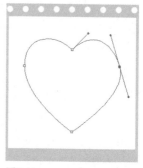

图3-66

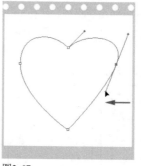 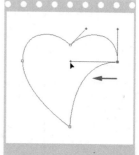

图3-67　　　　　　　图3-68

4. 转换锚点类型

转换点工具 ▶ 可以转换锚点类型。选择该工具后，将光标放在锚点上方，如果这是一个角点，进行拖曳，可将其转换为平滑点，如图3-69和图3-70所示；如果这是一个平滑点，单击可将其转换为角点，如图3-71所示。

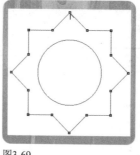 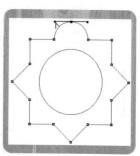

图3-69　　　　　　　图3-70

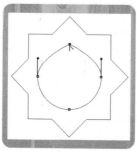

图3-71

3.4 衬衣款式图

服装款式图是以平面图形表现的含有细节说明的设计图。它不同于服装画，在表达服装设计师构思的同时，更要求绘画规范、严谨、对称，线条表现要清晰、圆滑、流畅，以便在企业生产中起到样图规范指导的作用。本实例绘制一款衬衣的款式图，重点学习衣领的表现方法。为了对称布局，将借助参考线。用钢笔和形状工具绘制好款式图以后，还要通过绘画类工具对路径进行描边，从而得到线稿。

3.4.1 布置参考线

01 执行"文件"|"新建"命令，或按Ctrl+N快捷键打开"新建文档"对话框。单击"打印"选项卡，使用其中的预设选项创建一个A4大小的文档，如图3-72所示。

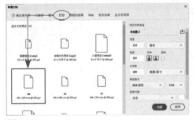

图3-72

02 执行"编辑"|"首选项"|"单位与标尺"命令，打开"首选项"对话框。当前文件是以毫米为单位，在这里将"标尺"的单位也设置为"毫米"，如图3-73所示。

图3-73

03 单击左侧列表中的"参考线、网格和切片"选项。在对话框右侧将"画布"颜色设置为绿色，并修改网格参数，如图3-74所示。单击"确定"按钮关闭对话框。

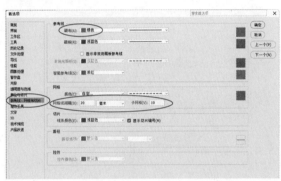

图3-74

04 按Ctrl+R快捷键显示标尺。将光标放在原点，即窗口左上角的（0, 0）数值处，如图3-75所示，向右下方拖曳，画面中会出现十字线，将其拖放到横向100毫米、纵向20毫米处，如图3-76所示。通过这种方法将横向100毫米、纵向20毫米处定义为原点，这里的数值会变为（0, 0）。

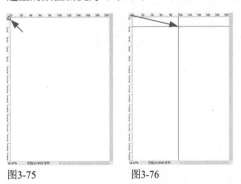

图3-75　　　　　　　图3-76

提示 *Point*

如果想要将原点恢复到初始位置，即让窗口左上角变为（0, 0），可以在左上角（水平和垂直标尺相交处）双击。

05 将光标放在垂直标尺上，并向画面拖曳，拖出参考线，如图3-77所示。从水平标尺也拖出相应的参考线，以便绘图时能够对称布置图形，如图3-78所示。

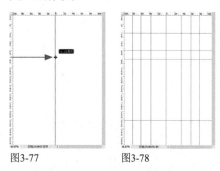

图3-77　　　　　图3-78

提示 *Point*

对称绘图时，参考线是非常好的辅助工具。如果要移动它，可以选择移动工具 ✛，将光标放在参考线上，光标变为 ↔ 状时拖曳即可。创建或移动参考线时，按住 Shift 键，可以使参考线与标尺上的刻度对齐。如果要删除一条参考线，可将其拖回标尺。

3.4.2 绘制对称图形

01 选择矩形工具 □，在工具选项栏中选择"路径"选项，以参考线为基准绘制一个矩形，如图3-79所示。使用直接选择工具 ▷ 单击左下角的锚点，将其选取，如图3-80所示，按住Shift键（可以锁定水平方向）拖曳，如图3-81所示。右下角的锚点也采用同样的方法移动，它的位置与左侧的锚点对称，如图3-82所示。

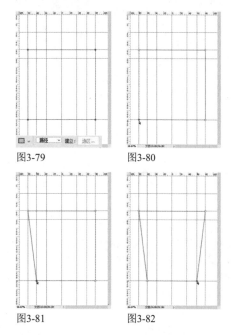

图3-79　　　　　图3-80

图3-81　　　　　图3-82

02 使用添加锚点工具 ⌀ 在路径上单击，添加两个锚点，它们对应水平标尺上的40毫米处，如图3-83所示。使用转换点工具 ⌐ 在这两个锚点上单击，将它们转换为角点，如图3-84所示。这样它们就没有了方向线，移动这两个锚点时，它们之间的路径会变为直线。

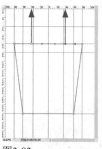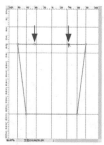

图3-83　　　　　图3-84

03 使用直接选择工具 ▷ 单击并拖出一个矩形框，选取这两个锚点，如图3-85所示。将光标放在一个锚点的正上方，如图3-86所示，向上拖曳光标，拖出一小段距离后，按住Shift键，这样可以矫正移动位置，使锚点沿垂直方向移动，同时观察左侧标尺，在到达40毫米这个位置时释放鼠标左键，如图3-87所示。

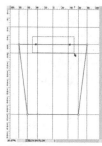

图3-85

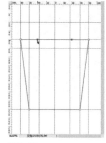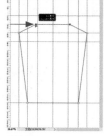

图3-86　　　　　图3-87

04 使用添加锚点工具 ⌀ 添加一个锚点，如图3-88所示。使用直接选择工具 ▷ 在该锚点上单击并按住Shift键向上方拖曳，如图3-89所示。按住Ctrl键在空白处单击，取消路径的选择。

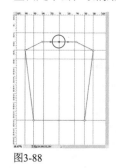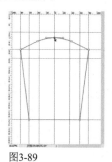

图3-88　　　　　图3-89

05 双击路径层，如图3-90所示，在弹出的对话框中输入名称，如图3-91所示，将这一临时路径层转换为正式的路径层，如图3-92所示。

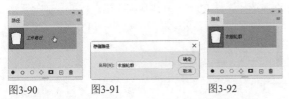

图3-90　　　　图3-91　　　　图3-92

06 选择钢笔工具 ✐ ，在工具选项栏中选择"路径"选项。在画布上单击，绘制直线路径，如图3-93所示。将光标放在第一个锚点上方，如图3-94所示，向右上方拖曳光标，将路径封闭，与此同时可将该路径调整为曲线，如图3-95所示，这样一个领子就绘制好了。使用路径选择工具 ▶ 单击领子图形，按Alt+Shift快捷键并向左侧拖曳，进行复制，如图3-96所示。

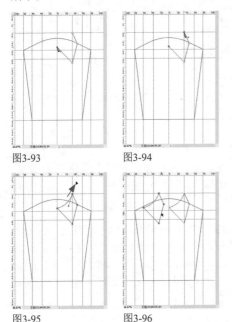

图3-93　　　　图3-94

图3-95　　　　图3-96

07 按Ctrl+T快捷键显示定界框。右击，弹出快捷菜单，执行"水平翻转"命令，翻转图形，如图3-97所示。将图形移动到与另一侧图形对称的位置，如图3-98所示。按Enter键确认，另一个领子也制作好了。

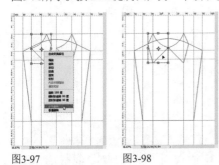

图3-97　　　　图3-98

08 使用钢笔工具 ✐ 在领子上部绘制一条曲线路径，如图3-99所示。在衣襟位置按住Shift键单击，绘制一条直线路径，如图3-100所示。

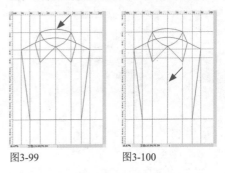

图3-99　　　　图3-100

3.4.3 为衣服轮廓描边

01 衣服基本轮廓绘制好以后，可以对路径进行描边，制作线稿。单击"图层"面板底部的 ⊞ 按钮，新建一个图层。按D键将前景色设置为黑色。选择铅笔工具 ✐ ，在工具选项栏中选择"硬边圆"笔尖，设置"大小"为5像素，如图3-101所示。使用路径选择工具 ▶ ，按住Shift键单击除两个领子以外的其他3个图形，将它们同时选取，右击，弹出快捷菜单，执行"描边子路径"命令，如图3-102所示，在弹出的对话框中选择"铅笔"工具，如图3-103所示，用它描边路径。隐藏路径和参考线以后，效果如图3-104所示。

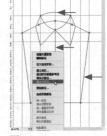

图3-101　　　　　　　图3-102

图3-103　　　　图3-104

02 单击"图层"面板底部的 ⊞ 按钮，新建一个图层。在其名称上双击，显示文本框以后，修改名称为"衣领"，如图3-105所示。使用路径选择工具 ▶ 单击领子图形，右击，弹出快捷菜单，执行"填充子路径"命令，如图3-106所示，在弹出的对话框中

选择用"背景色"（即白色）填充路径，如图3-107所示。用白色将后面的轮廓线遮盖住以后，隐藏路径和参考线，效果如图3-108所示。

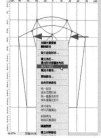

图3-105　　　　　　　图3-106

图3-107　　　　　　图3-108

03 右击，再次弹出快捷菜单，执行"描边子路径"命令，用铅笔工具 ✐ 对路径进行描边，如图3-109和图3-110所示。

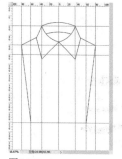

图3-109　　　　　　图3-110

04 使用钢笔工具 ✐ 绘制一条弧线路径，如图3-111所示。右击，弹出快捷菜单，执行"描边子路径"命令，进行描边，效果如图3-112所示。

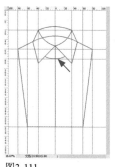

图3-111　　　　　　图3-112

05 下面绘制服装上的明线（用虚线表示）。使用路径选择工具 ▸ 单击门襟处的路径，按Alt+Shift快捷键向右侧拖曳，进行复制，如图3-113所示。使用直接选择工具 ▹ 单击直线顶部的锚点，按↓键向下移动，使锚点与衣领边缘对齐，如图3-114所示。

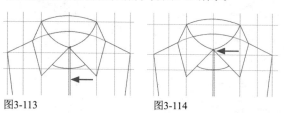

图3-113　　　　　　　　　图3-114

06 使用路径选择工具 ▸ 单击领子上的曲线，按Alt+Shift快捷键向下拖曳进行复制，如图3-115所示。按Ctrl+T快捷键显示定界框，拖曳控制点，将曲线压扁并调短，如图3-116所示，按Enter键确认，如图3-117所示。采用同样的方法复制路径，如图3-118所示。

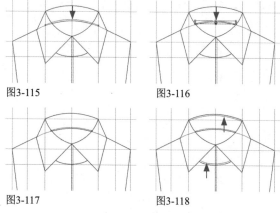

图3-115　　　　　　　　　图3-116

图3-117　　　　　　　　　图3-118

07 使用路径选择工具 ▸ 单击领子将其选中，如图3-119所示，按住Alt键拖曳光标进行复制，如图3-120所示。使用直接选择工具 ▹ 单击最上方的锚点，如图3-121所示，按Delete键删除，这条路径就被删掉了，如图3-122所示。

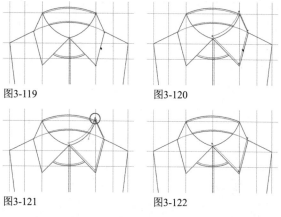

图3-119　　　　　　　　　图3-120

图3-121　　　　　　　　　图3-122

08 使用直接选择工具 ▹ 将锚点拖曳到领子内部，如图3-123所示。下面将图形对称复制到左侧的

领子上。使用路径选择工具 ➤ 按住Alt键单击并拖曳
图形进行复制，拖曳过程中按住Shift键以锁定水平方
向，如图3-124所示。按Ctrl+T快捷键显示定界框，
右击，弹出快捷菜单，执行"水平翻转"命令翻转图
形，之后按→键和←键轻移图形，将其与左侧的领子
对齐，如图3-125所示。按Enter键确认。

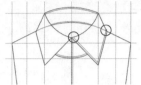
图3-123

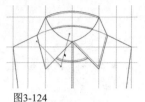
图3-124

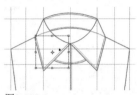
图3-125

09 使用路径选择工具 ➤ ，按住Shift键单击各个明
线图形，将它们选取，如图3-126所示。新建一
个图层，在图层名称上双击，显示文本框后修改名称
为"明线"，如图3-127所示。

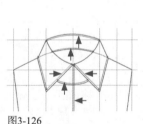
图3-126 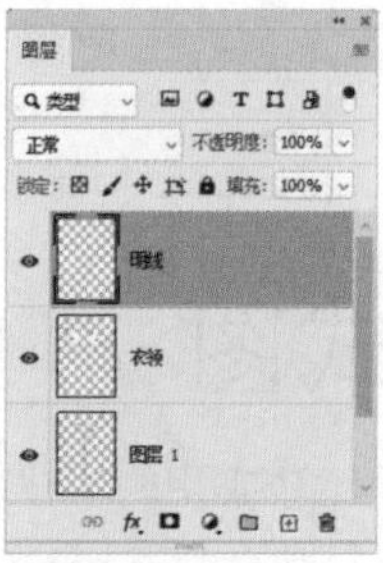　　　　图3-127

10 选择画笔工具 。打开"画笔设置"面板，选
择"硬边圆"笔尖，设置"大小"为5像素（该
值决定了虚线的粗细），如图3-128所示。单击选择面
板左侧的"双重画笔"选项，再选择一个"硬边圆"
笔尖，将"模式"设置为
"变暗"。设置"大小"和
"间距"参数（决定了虚线
的长短和间距），如图3-129
所示。在路径层上右击，弹
出快捷菜单，执行"描边子
路径"命令，如图3-130所
示，在弹出的对话框中选择
画笔工具 ，对路径进行描
边，如图3-131所示。按Ctrl+;
快捷键隐藏参考线，效果如
图3-132所示。

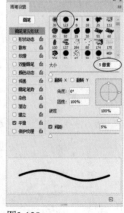
图3-128

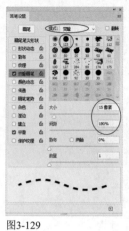
图3-129

图3-130

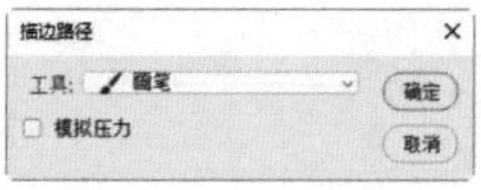

图3-131 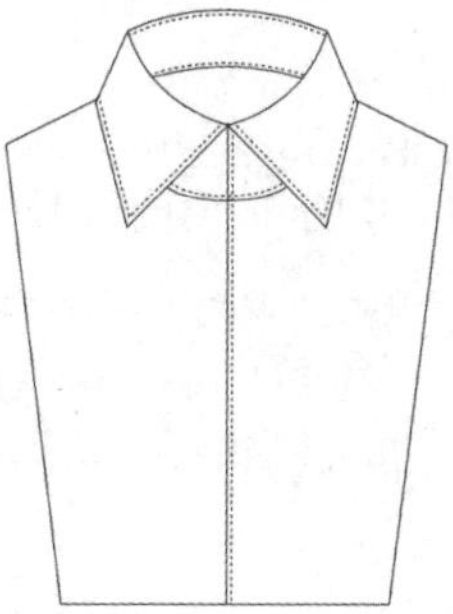　　　　图3-132

11 下面来制作扣子。选择椭圆工具 ◯ 及"路径"
选项。按住Shift键拖曳光标，创建一个圆形，如
图3-133所示。使用直线工具 ，按住Shift键拖曳光
标，创建两条直线，如图3-134所示。

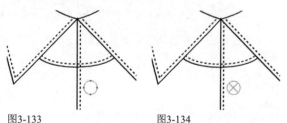
图3-133　　　　图3-134

12 新建一个图层，修改名称为"衣扣"。使用路
径选择工具 ➤ ，按住Shift键单击组成扣子的3个
图形，将其选取。按住Alt键单击"路径"面板底部的
◯ 按钮，弹出"描边路径"对话框，用"铅笔"描边
路径，如图3-135和图3-136所示。

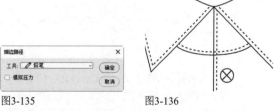
图3-135　　　　图3-136

13 选择移动工具 ✛ ，按Shift+Alt快捷键向下拖曳，
复制扣子。注意最下方扣子的位置，如图3-137所

示。在"图层"面板中，按住Shift键单击最下方的"衣扣"图层，通过这种方法将所有衣扣选取，如图3-138所示。

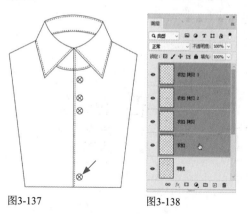

图3-137　　　　　　图3-138

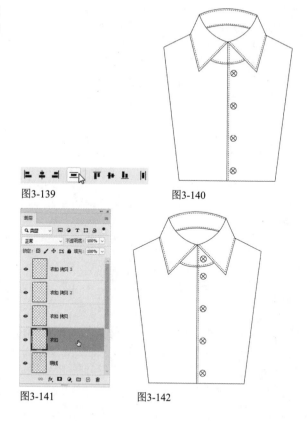

图3-139　　　　　　图3-140

14 单击工具选项栏中的 ▤ 按钮，让所选对象垂直均匀分布，如图3-139和图3-140所示。

15 单击"衣扣"图层，如图3-141所示。使用移动工具 ✛，按Shift+Alt快捷键向上拖曳，再复制一个衣扣，如图3-142所示。

图3-141　　　　　　图3-142

3.5　绒衫款式图

本实例也是在参考线的辅助下绘制对称图形。实例中会有一些比较实用的小技巧，包括轻移锚点、复制一组路径、对称复制衣袖，以及路径描边等。

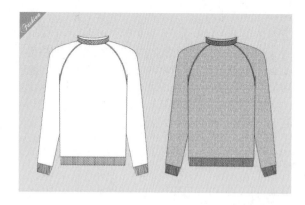

01 新建一个A4大小的文档。按Ctrl+R快捷键显示标尺，将光标放在标尺上，单击并按住Shift键拖出两条参考线，定位在水平标尺100毫米、垂直标尺20毫米处（按住Shift键以后，参考线会与刻度线对

齐），如图3-143所示。将光标放在标尺的原点（窗口左上角水平标尺和垂直标尺相交处），拖曳出十字线，放到参考线的交点处，将标尺的原点定位在此，如图3-144所示。

图3-143　　　　　　图3-144

02 从标尺上拖出几条参考线，如图3-145所示。选择椭圆工具 ⬭ 及"路径"选项，绘制椭圆图形，如图3-146所示。使用直接选择工具 ▷ 单击最上方的锚点，如图3-147所示，按Delete键删除，如图3-148所示。

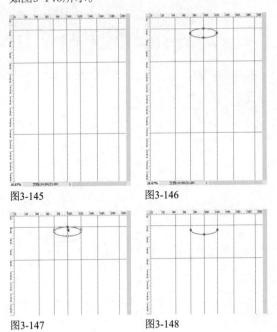

图3-145   图3-146

图3-147   图3-148

03 使用路径选择工具 ▶ 单击路径，按住Alt键拖曳进行复制，如图3-149所示。选择钢笔工具 ⬭ 及"路径"和"自动添加/删除"选项，将光标放在锚点上方，光标变为 ▷ 状时，如图3-150所示，单击，之后在下面路径的锚点上单击，将这两条路径连接，如图3-151所示。采用同样的方法将左侧的两个锚点也连接起来，如图3-152所示。

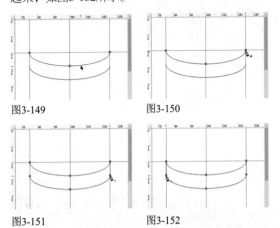

图3-149   图3-150

图3-151   图3-152

04 使用钢笔工具 ⬭ 在衣领后方绘制一条曲线，如图3-153所示。下面制作衣领上的罗纹。按住Shift键在衣领上绘制直线，如图3-154所示。使用路径选择工具 ▶ 单击并按住Alt键拖曳直线，进行复制，如图3-155所示。

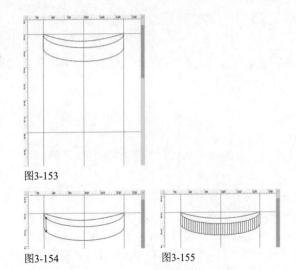

图3-153

图3-154   图3-155

05 使用钢笔工具 ⬭ 按住Shift键单击，绘制直线，如图3-156所示。使用直接选择工具 ▷ 单击左下角的锚点，按4下→键，对锚点进行轻微移动。单击右下角的锚点，按4下←键，以便使两个锚点的位置对称，如图3-157所示。

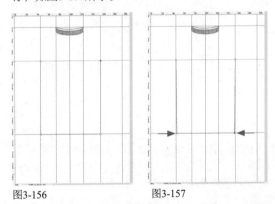

图3-156   图3-157

06 使用路径选择工具 ▶ 单击并按住Alt键拖曳图形进行复制，如图3-158所示。按Ctrl+T快捷键显示定界框，按住Shift键拖曳上方的控制点，将图形向下压扁，如图3-159所示。按住Shift键拖曳左、右两侧的控制点，将图形与上方矩形的边缘对齐，如图3-160和图3-161所示。按Enter键确认。

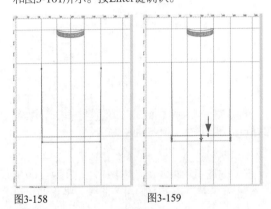

图3-158   图3-159

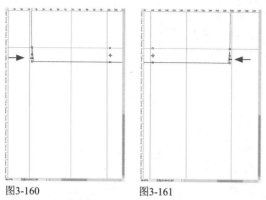

图3-160　　　　　　　图3-161

07 使用钢笔工具 ◢ 在图形内部绘制一组直线，如图3-162所示。使用路径选择工具 ▶ 单击并拖曳出一个选框，将它们选取，按Alt+Shift快捷键拖曳，进行复制，如图3-163所示。

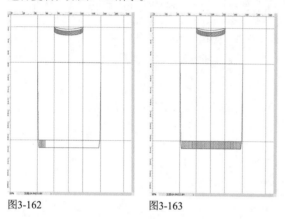

图3-162　　　　　　　图3-163

08 使用钢笔工具 ◢ 绘制袖子，如图3-164和图3-165所示。绘制直线，并通过复制的方式铺满袖口，如图3-166所示。

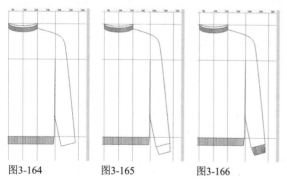

图3-164　　　图3-165　　　图3-166

09 使用钢笔工具 ◢ 绘制一条曲线，如图3-167所示。使用路径选择工具 ▶ 单击并按住Alt键拖曳曲线进行复制，如图3-168所示。用直接选择工具 ▶ 调整锚点位置，以便让两条曲线平行。

10 使用路径选择工具 ▶ 单击并拖出一个矩形选框，选取组成袖子的所有图形，如图3-169所示。按住Shift键单击上方的两条曲线，将它们也选

取，如图3-170所示。

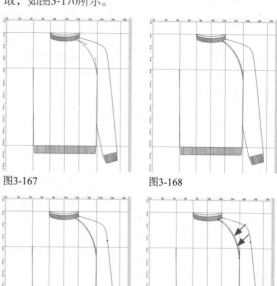

图3-167　　　　　　　图3-168

图3-169　　　　　　　图3-170

11 按Ctrl+C快捷键复制，按Ctrl+V快捷键粘贴。按Ctrl+T快捷键显示定界框，右击，弹出快捷菜单，执行"水平翻转"命令，翻转图形，如图3-171所示。按住Shift键拖曳，将袖子移动到左侧对称的位置，如图3-172所示。按Enter键确认。

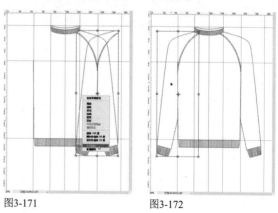

图3-171　　　　　　　图3-172

12 按Ctrl+；快捷键隐藏参考线。选择铅笔工具 ◢ 并在工具选项栏中选择"硬边圆"笔尖，调整"大小"为3像素，如图3-173所示。

13 按住Alt键单击"路径"面板底部的 ○ 按钮，打开"描边路径"对话框，选择用"铅笔"工具描边路径，如图3-174所示。在"路径"面板底部的空白处单击，取消路径的显示，也可以按Ctrl+H快捷键

隐藏路径。按Ctrl+；快捷键隐藏参考线。针织外套结构图效果如图3-175所示。

图3-173　　　　　图3-174

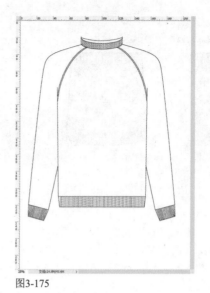

图3-175

3.6　绘制口袋

前面几个实例都是先绘制图形（路径），再对路径进行描边和填色来表现款式图的。本实例介绍一种全新的方法，可将绘图与填色和描边同步完成。这需要借助形状图层来实现，即将路径绘制在形状图层上，然后为形状图层设置填充和描边。本实例还会介绍缝纫线（虚线）的绘制方法。

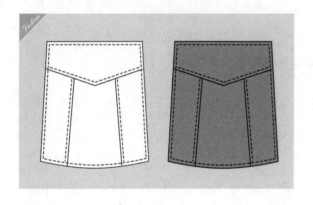

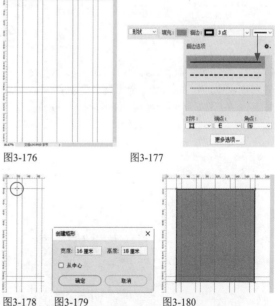

图3-176　　　　　图3-177

01 按Ctrl+N快捷键新建一个A4大小的文档。按Ctrl+R快捷键显示标尺，拖曳出参考线，如图3-176所示。

02 选择矩形工具 □ 及"形状"选项，设置"填充"颜色为棕色，"描边"颜色为黑色且为直线，如图3-177所示。在图3-178所示处单击，弹出对话框后设置"宽度"为16厘米，"高度"为18厘米，按Enter键，创建一个矩形，如图3-179和图3-180所示。它会保存到形状图层上。

图3-178　　图3-179　　　　　图3-180

03 选择添加锚点工具 ✍，在矩形底部中点处单击，添加一个锚点，如图3-181所示。使用直接

选择工具 ↳ 移动锚点，如图3-182所示。

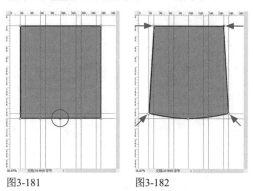

图3-181　　　　图3-182

04 按Ctrl+J快捷键复制形状图层，如图3-183所示。按Ctrl+T快捷键显示定界框，在工具选项栏中输入缩放参数为96%，按Enter键确认，如图3-184所示。

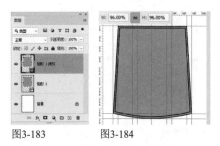

图3-183　　　图3-184

05 在工具选项栏中将该图形的"描边"改为虚线，如图3-185和图3-186所示。

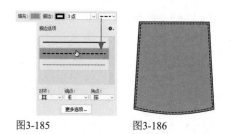

图3-185　　　　图3-186

提示　*Point*

在制版和缝制时，虚线和实线有着完全不同的意义。款式图中的虚线一般表示缝迹线，有时也是装饰明线。实线一般表示裁片分割线或外形轮廓线。

06 选择钢笔工具 ✒ 及"形状"选项，设置"填充"颜色为棕色，"描边"颜色为黑色（直线描边），绘制内部的分割线，如图3-187所示。绘制明线（用虚线描边），如图3-188所示。

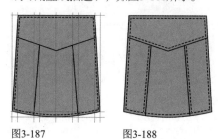

图3-187　　　　图3-188

3.7　绘制腰头

服装款式图中很多图形都是对称的，例如衣领、衣袖、口袋等。对于这样的图形，绘制出一个之后，将其复制到对称的位置即可。前面几个实例都有涉及，用的是参考线和智能参考线定位图形位置。本实例介绍数字定位方法，即通过参考点定位符+变换参数操作，这是更为精确的图形定位方法。

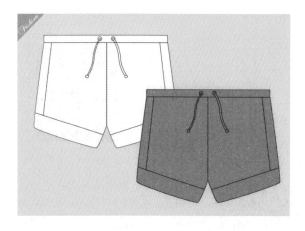

01 新建一个A4大小的文档。按Ctrl+R快捷键显示标尺，调整原点位置，如图3-189所示。从标尺上拖曳出参考线，如图3-190所示。

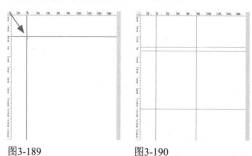

图3-189　　　　图3-190

02 选择钢笔工具 及"形状"选项，设置"填充"颜色为蓝色，"描边"颜色为黑色，用直线描边，绘制图形，如图3-191和图3-192所示。绘制绳带，如图3-193和图3-194所示。

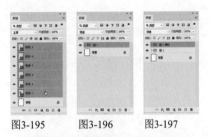

图3-195　　图3-196　　图3-197

04 按Ctrl+T快捷键显示定界框，在工具选项栏中单击参考点定位符右侧中间的方块，将变换的参考点定位到图形右侧中央，如图3-198所示，将W值设置为-100%，让图形水平翻转，如图3-199所示。

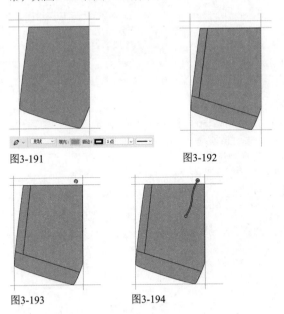

图3-191

图3-192

图3-193

图3-194

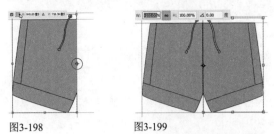

图3-198　　图3-199

03 按住Shift键单击最下方的形状图层，将当前形状图层与它中间的所有图层选取，如图3-195所示，按Ctrl+G快捷键编入图层组中，如图3-196所示。按Ctrl+J快捷键复制该组，如图3-197所示。

05 按Enter键确认。使用钢笔工具 绘制腰头（与裤子或裙身缝合的带状部件）。按Ctrl+[快捷键将该形状图层移动到最底层，效果如图3-200所示。

图3-200

3.8 服装款式整体设计图稿

本实例制作服装款式的整体设计图稿，从绘制款型、刻画细节，到添加纹理、绘制图案，再到上色等，展现了与款式设计相关的一整套流程。

3.8.1 绘制和描边线稿

01 按Ctrl+N快捷键打开"新建文档"对话框，选择预设的A4文件，单击 按钮，将文档调整为横向，如图3-201所示。新建文件以后，按住Alt键分别单击"图层"面板和"路径"面板中的 按钮，在弹出的对话框中输入名称为"线稿"，创建以它命名的图层和路径层，如图3-202和图3-203所示。

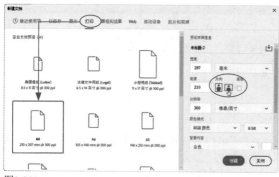

图3-201

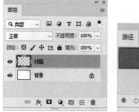

图3-202

图3-203

$O2$ 选择钢笔工具 ✑ 及"路径"选项，绘制裙子的大轮廓，如图3-204所示。绘制裙子的细节，如图3-205所示。

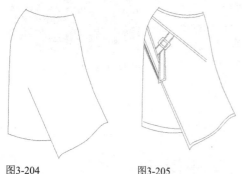

图3-204 图3-205

技巧

绘制好一条路径后，按住Ctrl键切换为直接选择工具 ▷，在空白处单击，可结束该路径的绘制，放开Ctrl键恢复为钢笔工具 ✑，可以继续绘制下一条路径。

$O3$ 选择画笔工具 ✎ 及"硬边圆"笔尖，设置"大小"为1像素，如图3-206所示。使用路径选择工具 ▷，按住Shift键单击除缝纫线以外的所有路径，将它们选取，如图3-207所示，单击"路径"面板底部的 ○ 按钮，用画笔描边，如图3-208所示。

图3-206

图3-207 图3-208

$O4$ 新建一个50像素×50像素、分辨率为300像素/英寸、透明背景的文件（在"背景内容"下拉列表中选择"透明"选项），如图3-209所示。下面来绘制一条短线。由于文档尺寸太小不好操作，可以先按Ctrl+0快捷键，将文档窗口放大到计算机屏幕大小，再使用画笔工具 ✎（"硬边圆"笔尖，4像素）绘制短线，如图3-210所示。

图3-209 图3-210

$O5$ 执行"编辑"|"定义画笔预设"命令，打开"画笔名称"对话框，如图3-211所示。将绘制的短线定义为画笔笔尖。在"画笔设置"面板中设置参数，如图3-212所示。

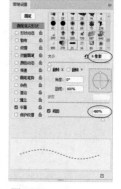

图3-211 图3-212

$O6$ 单击选择面板左侧的"形状动态"选项，设置"角度抖动"的"控制"为"方向"，如图3-213所示。使用路径选择工具 ▷ 选择一条路径，单击"路径"面板底部的 ○ 按钮进行描边，这样明线（虚线）都会沿着路径的方向整齐排列。在"路径"面板的空白处单击隐藏路径，效果如图3-214所示。

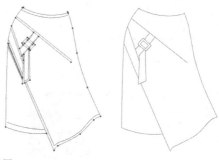

图3-207 图3-208

图3-213   图3-214

07 使用钢笔工具 ⬭ 绘制裙子的明线。分别选取各个明线，进行描边，如图3-215所示。采用同样的方法绘制其他款式服装的线稿，如图3-216所示。

图3-215   图3-216

08 选择橡皮擦工具 ⬭，设置"不透明度"为100%，将被服装遮挡部分的线条擦除。将"不透明度"设置为30%，对明线进行擦拭，减淡其颜色，使主体线条更加明显，如图3-217所示。

图3-217

3.8.2 为衣服上色

01 选择魔棒工具 ⬭，按住Shift键单击左上角衣服的领子区域，将其选取，如图3-218所示。执行"选择"｜"修改"｜"扩展"命令，对选区进行扩展，如图3-219所示。

图3-218   图3-219

02 按住Ctrl键单击"图层"面板底部的 ⊞ 按钮，在"线稿"图层下方创建一个名称为"颜色"的图层，如图3-220所示。将前景色设置为浅蓝色，按Alt+Delete快捷键填色，按Ctrl+D快捷键取消选择，如图3-221所示。

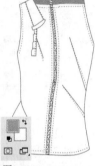

图3-220   图3-221

03 单击"线稿"图层的眼睛图标 ⬤，隐藏该图层，如图3-222所示。选择画笔工具 ⬭ 及"硬边圆"笔尖，将漏填颜色的区域涂满，如图3-223所示。

图3-222   图3-223

04 使用魔棒工具 ⬭ 选择衣服上其他未着色的区域，并用白色填充，如图3-224所示（为便于观察可添加黑色背景作为衬托）。使用魔棒工具 ⬭ 选择白色区域。将前景色重新设置为浅蓝色（R154，G195，B223）。选择画笔工具 ⬭，打开"画笔"面板菜单，执行"旧版画笔"命令，加载该画笔库。在"旧版画笔"｜"特殊效果画笔"画笔组中选择"杜鹃花串"笔尖，并调整参数，如图3-225所示，在选区内绘制花纹，如图3-226所示。

图3-224

图3-225

图3-226

05 使用魔棒工具 ✨ 在另外一件上衣建立选区。执行"选择"｜"修改"｜"扩展"命令，将选区向外扩展1像素，效果如图3-227所示。打开"图案"面板菜单，执行"旧版图案及其他"命令，加载图案库，如图3-228所示。

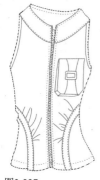
图3-227

图3-228

06 将前景色设置为浅绿色。选择"硬边圆"笔尖，如图3-229所示。单击选择面板左侧的"纹理"选项。在面板右侧单击 按钮，打开"图案"下拉面板，在"艺术表面"图案组中选择"纱布"纹理并设置参数，如图3-230所示。

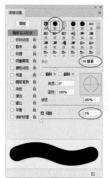
图3-229

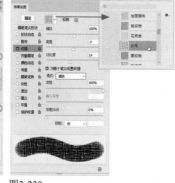
图3-230

07 单击"颜色"图层，如图3-231所示。按 [键和] 键将笔尖调整为合适大小，在选区内绘制浅绿色纹理，如图3-232所示。采用同样的方法为其他服装上色，效果如图3-233所示。

图3-231

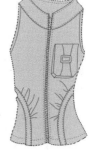
图3-232

图3-233

3.8.3 表现不同的质感与花纹

01 按Shift+Ctrl+N快捷键打开"新建图层"对话框，将新图层"名称"设置为"纹理1"，设置"模式"为"叠加"，勾选"填充叠加中性色（50%灰）"复选框，单击"确定"按钮，创建一个中性色图层，如图3-234和图3-235所示。

图3-234

图3-235

提示 *Point*

中性色图层是填充了中性灰的图层，在混合模式的作用下可用于修改图像的色调，也可以承载滤镜。"7.3 写意风格——职业装"（160页）一节也用到了这种图层。

02 执行"滤镜"｜"纹理"｜"纹理化"命令，打开滤镜库，添加纹理效果，如图3-236和图3-237所示。

图3-236　　　　　图3-237

03 单击"图层"面板底部的 ⬛ 按钮，添加图层蒙版。使用画笔工具 🖌（"硬边圆"笔尖），在右侧的几件衣服上涂抹黑色，通过蒙版将纹理遮盖住，只让最左侧的衣服和裙子保留纹理，如图3-238所示。

图3-238

04 用同样的方法为浅绿色衣服添加纹理。可以先创建一个"叠加"模式的中性色图层，用"滤镜"|"纹理"|"龟裂缝"滤镜添加纹理，再通过图层蒙版控制纹理范围，如图3-239~图3-241所示。

图3-239

图3-240　　　　　图3-241

05 按Shift+Ctrl+N快捷键创建一个"叠加"模式的中性色图层（即"纹理3"），如图3-242所示。双

击该图层，打开"图层样式"对话框，在左侧列表中单击选择"图案叠加"选项，添加该效果。单击"图案"选项右侧的 按钮，打开下拉面板，在"彩色纸"图案组中选择"树叶图案纸"选项，如图3-243所示。

图3-242

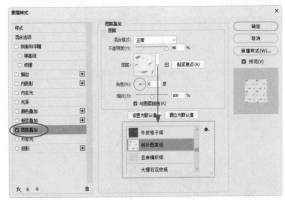

图3-243

06 选择右边的短裙。单击"图层"面板底部的 ⬛ 按钮，为"纹理3"图层添加蒙版，让其效果只限于短裙，如图3-244和图3-245所示。

图3-244　　　　　图3-245

07 单击"图层"面板和"路径"面板中的 ⊞ 按钮，分别创建名称为"褶皱"的图层和路径层，如图3-246和图3-247所示。

图3-246　　　　　图3-247

08 使用钢笔工具 ✐ 在服装的暗部和亮部绘制路径。单击"路径"面板下方的 ● 按钮，分别用适当的颜色填充路径，如图3-248和图3-249所示。

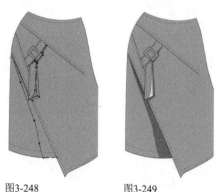

图3-248　　　　　　图3-249

09 采用同样的方法绘制并填充所有服装的褶皱，如图3-250所示。

图3-250

10 调整图层的"不透明度"为60%，使褶皱处呈现出浅浅的纹理，如图3-251所示。

图3-251

11 单击"图层"面板和"路径"面板底部的 ⊞ 按钮，分别创建名称为"花纹"的图层和路径层，如图3-252和图3-253所示。

图3-252　　　　　　图3-253

12 使用钢笔工具 ✐ 绘制路径，如图3-254所示。将前景色设置为浅棕色。使用画笔工具 🖌（"硬边圆"笔尖）描边路径，效果如图3-255所示。使用橡皮擦工具 ✐ 将多余的部分擦除，如图3-256所示。

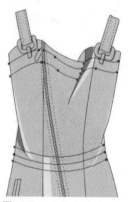

图3-254

图3-255　　　　　　图3-256

13 打开素材，如图3-257所示，这是一个JPEG格式的文件，该格式可以存储路径。单击路径层，如图3-258所示，使用路径选择工具 ▶ 拖曳出选框，将图形选取，如图3-259所示。将光标放在图形内部，单击并向服装款式图文档的标题栏拖曳，如图3-260所示，停留片刻，切换到该文档，之后拖入图形。按Ctrl+T快捷键显示定界框，拖曳控制点，对花纹进行等比缩放，如图3-261所示。按Enter键确认。

图3-257

图3-258

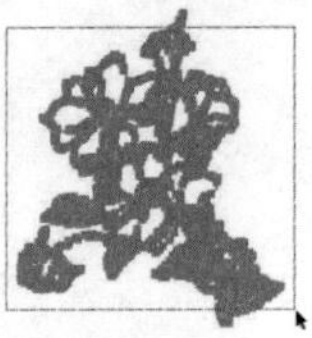

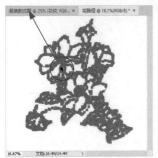

图3-260

图3-259

图3-261

14 将前景色设置为黑色。选择画笔工具 ✎（"硬边圆"笔尖，1像素），单击"路径"面板底部的 ○ 按钮，用画笔描边路径，如图3-262所示。选择橡皮擦工具 ✐，将超出裙子轮廓部分的花纹擦掉，如图3-263所示。

图3-262　　　　图3-263

15 双击"颜色"图层，打开"图层样式"对话框，为服装添加"投影"效果，如图3-264和图3-265所示。

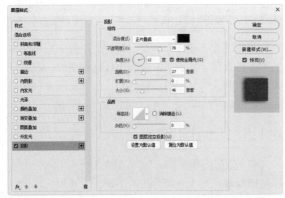

图3-264

图3-265

16 将前景色设置为白色。使用画笔工具 ✎（"柔边圆"笔尖，"不透明度"为20%）在服装上绘制一些柔和的高光，如图3-266~图3-268所示。整体效果如图3-269所示。

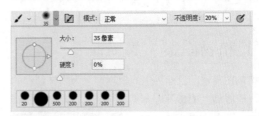

图3-266

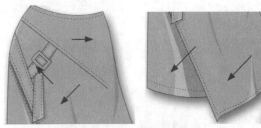

图3-267　　　　图3-268

图3-269

第4章 图案

4.1 图案的类型

服装图案是指服装结构形成的装饰纹样和附着在服装之上的装饰纹样，包括植物图案、动物图案、人物图案、几何图案、文字图案、肌理图案和抽象图案等类型。

4.1.1 植物图案

植物图案是以自然界中的植物形象为素材创作的图案，在服装上的应用是最广最多的，如图4-1和图4-2所示。植物图案中花卉形态的变化最为灵活，在设计者的塑造下，可以适应各种服装的任何部位、任何工艺形式的需要，也可以被赋予特定的含义。

图4-1   图4-2

4.1.2 动物图案

动物图案在服装的装饰部位多为胸部、肩部、背部、衣袋、衣边等处。在服饰配件方面，则多用于皮带头、纽扣、首饰等。

动物图案一般不能像花卉图案那样变化丰富，但其所具有的动态特征和表情特征是花卉图案所不能及的。动物图案能通过拟人化的处理，使服装增加趣味性和装饰性，如图4-3所示。

4.1.3 人物图案

人物图案在胸片上出现最多，具有新颖、奇特、视觉冲击力强等特点，能增强服装的表现力，体现时尚感，如图4-4所示。

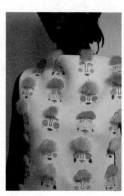

图4-3   图4-4

4.1.4 风景图案

风景图案多应用于头巾、披肩，以及大面积装饰上（如连衣裙、睡衣）。有表现自然景观的，有表现人文景观的，有体现城市特点的，也有反映乡村风貌的，如图4-5所示。

4.1.5 几何图案

几何图案是指用点、线、面或几何图形（分为不规则形与规则形）等组合成的图案，主要用于现代、简约风格的服装中，如图4-6所示。

图4-5　　　　　图4-6

图4-7　　　　　图4-8

4.1.6 肌理图案

肌理具有唯一性，因而肌理图案往往能够表现与众不同的个性，如图4-7所示。肌理图案常用于个性化明显的舞台装、T台服等，在皮质提包、钱包等服饰配件上的使用也比较广泛。

4.1.7 文字图案

文字图案可分为具象文字和抽象文字、中国文字和外国文字、空心字和实心字等不同类别。文字图案在服装上的应用主要有两个方向：一是表达自由、随意的休闲服饰，如图4-8所示；二是突出品牌名称的高端服饰。

4.1.8 抽象图案

在图案体系里，除具象图案外都是抽象图案。抽象图案能表现现代感，体现抽象美，给人以想象的空间，如图4-9和图4-10所示。抽象图案主要应用于现代风格的服装中，尤其适合简约时尚的年轻人。

图4-9　　　　　图4-10

4.2 图案的构成形式

服装图案的构成形式取决于装饰的目的、内容、对象、部位，以及材料的性能、工艺制作条件等。图案的构成形式可分为单独纹样、适合纹样、二方连续纹样、四方连续纹样和综合纹样几种类型。

4.2.1 单独纹样

单独纹样是图案中最基本的单位和组织形式，其外形完整独立，纹样不受轮廓限制，既可以单独使用，也是构成适合纹样、连续纹样的基础。

1. 对称式纹样⋯⋯⋯⋯⋯⋯⋯⋯⋯⋯⋯⋯⋯⋯

对称式纹样采用上下对称或左右对称、等形等量分配的形式，特点是结构严谨、庄重大方，如图4-11所示。

2. 均衡式纹样⋯⋯⋯⋯⋯⋯⋯⋯⋯⋯⋯⋯⋯⋯

均衡式纹样是指在不失去重心的情况下，上下、左右纹样可以不对称，但总体看起来是平衡的、稳定的。其特点是生动丰富，穿插灵活，富于动态美，如图4-12所示。

图4-11　　　　　图4-12

4.2.2 适合纹样

适合纹样区别于单独纹样的特点在于其必须有一定的外形，即将一个或几个完整的形象装饰在一个预先选定好的外形内（如正方形、圆形、三角形），使图案自然、巧妙地适合于形体。它包括形体适合、边缘适合、角隅适合几种形式。

1. 形体适合纹样

形体适合纹样的外形可以分为几何形体和自然形体两种。几何形体有圆形、六边形、星形等；自然形体有桃形、莲花形、葫芦形、扇形、水果形、文字形等，如图4-13所示。

2. 边缘适合纹样

边缘适合纹样是指装饰在特定形体四周边缘的纹样，如图4-14所示。这种纹样在构成形式上与二方连续纹样有相似之处。不同的是二方连续纹样可以无限延伸，而边缘适合纹样受到被装饰部位尺度的限制，首尾必须相接。

图4-13　　　　　　　图4-14

3. 角隅适合纹样

角隅适合纹样是装饰在形体转角部位的纹样，又称边角图案，如图4-15所示。这种纹样大多与边缘转角的形体相吻合，如领角、衣角、头巾方角等。

图4-15

4.2.3 二方连续纹样

二方连续纹样是运用一个或几个单位的装饰元素组成单位纹样，进行上下或左右方向有条理地反复排列所形成的带状连续形式，因此又称带状纹样或花边，如图4-16和图4-17所示。

服装中的花边和挑花运用在门襟、底边，凡朝两个方向发展的花形图案都是二方连续纹样。

4.2.4 四方连续纹样

四方连续纹样是将一个或几个装饰元素组成基本单位纹样，进行上下左右4个方向反复排列的、可无限扩展的纹样，如图4-18和图4-19所示。

图4-16　　　　　　　图4-17

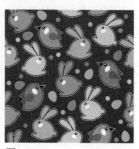

图4-18　　　　　　　图4-19

4.2.5 综合纹样

综合纹样是指结合了单独纹样、适合纹样、二方连续纹样、四方连续纹样中任意两种或两种以上的形式而产生的相对独立的图案。

另外，连续纹样与独立纹样有着明显的区别，前者必须保持图案在设计过程中的连续性，后者则无须顾及"连续"，只要在相对自由的范围内自身组成纹样造型即可。

Point

提示

服装图案的工艺形式有以下几种。

印染：服装图案中运用最广的一种工艺形式。具有成本低、花型活泼、色彩变化丰富等特点，适合大批量生产。

手绘：即徒手用颜料在服装上绘制图案。主要用于一些特定的服装，如表演服、礼服等。

织花：纺织品在织造过程中形成图案的一种工艺形式。由于织造手法不同，又分为提花和色织两种形式。织花布是大批量生产的产品，花形具有工整规范的特点，但变化不如印花丰富活泼。

刺绣：用绣花线在纺织品或其他服装材料上组成图案的一种工艺形式，一般通过线迹表现图案纹样，显得十分精致。

编织：用绳加工服装的一种手法，可通过编织针法的变化形成或平实、或凸起、或镂空的图案，肌理感丰富，图案显得含蓄、质朴。

4.3 制作单独纹样

单独纹样是服饰图案的基础，通过对单独纹样的复制与排列，可以构成二方连续、四方连续，以及独幅式综合图案。下面使用Photoshop中的形状（即矢量图形）制作单独纹样。这是一个对称的花纹图形，由若干个基本图形通过变换+复制的方法组合而成。实例中将使用几种不同的变换方法，并通过参考线、参考点、变换参数设定等加以准确定位。这些方法囊括了Photoshop变换方面的常用技巧，初次使用可能有一点难度，但掌握之后，就会变化无穷。在本实例中，所有形状将存放在形状图层上，以保持其矢量属性。用这种方法制作的纹样是矢量图形，可任意缩放，清晰度不会改变。

4.3.1 以参考点为基准创建图形

01 新建一个20厘米×20厘米、分辨率为300像素/英寸的RGB模式文件。按Ctrl+R快捷键显示标尺。下面通过参考线将画面中心定位出来。将光标放在水平标尺上，按住Shift键向下拖曳，拖出参考线，把其放在垂直10厘米的位置上，如图4-20所示。由于按住了Shift键，参考线会自动对齐到标尺的整数刻度线。另外也可以观察智能参考线的提示，到达10厘米的位置便可释放鼠标左键。采用同样的方法，在水平10厘米处放置一条参考线，如图4-21所示。

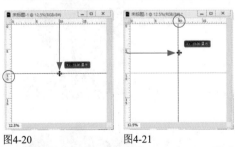

图4-20　　　　　图4-21

提示
执行"视图"|"新建参考线"命令，可在画布上的指定位置创建参考线。

02 打开"形状"面板菜单，执行"旧版形状及其他"命令，加载Photoshop所有形状。选择自定形状工具 ✿，在工具选项栏中选择"形状"选项，设置"填充"颜色为"淡冷褐"色，白色描边，"宽度"为8像素，选择图4-22所示的图形。

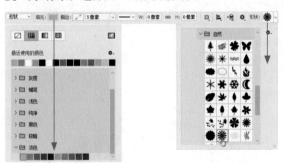

图4-22

03 将光标放在参考线的交点上，这里是画面中心，如图4-23所示，单击，弹出"创建自定形状"对话框，勾选"从中心"复选框并设置参数，按Enter键确认，创建一个大小为7厘米的图形，如图4-24和图4-25所示。该图形会保存到形状图层上，如图4-26所示。

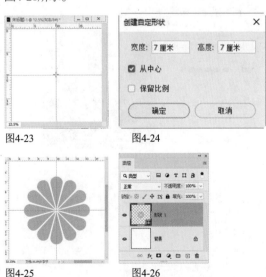

图4-23　　　　　图4-24

图4-25　　　　　图4-26

04 新建一个图层。在工具选项栏中修改"填充"颜色，无描边（之所以先创建图层，是因为如果不这样操作，画面中的图形所在的形状图层会被修改填色和描边）。选择图4-27所示的图形。

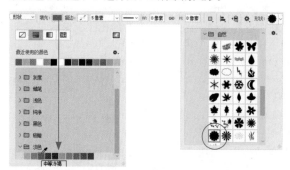

图4-27

05 在画面中心绘制该图形，这一次需要借助参考线和智能参考线来对齐，该方法对于在图形没有精确尺寸要求的情况下很有效，可以灵活地进行绘制。操作方法为：将光标放在参考线的交点上，按住Shift键（锁定图形比例）拖曳光标绘制图形。如果没有对齐到交点，则不要释放鼠标左键，这时按住空格键拖曳，移动图形，直至画面中心出现十字形智能参考线为止，如图4-28和图4-29所示。

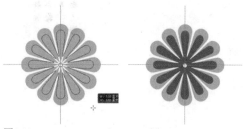

图4-28   图4-29

06 新建一个图层。选择椭圆工具 ○ 及"形状"选项，设置"填充"颜色为"淡冷褐"色，如图4-30所示。创建一个椭圆形，如图4-31所示。

图4-30   图4-31

07 按住Shift键单击"形状1"图层，将这3个图形所在的图层选取，如图4-32所示，执行"图层"|"对齐"|"水平居中"命令，对齐到画面中心，如图4-33所示。

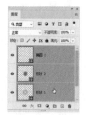 

图4-32   图4-33

08 按Ctrl+T快捷键显示定界框。下面检查图形位置是否正确。观察工具选项栏，如果显示的是X10厘米，Y10厘米，就表示中心点在画面的中心。如果不是这个数值，则说明图形的位置出现偏离。这是由于创建图形时，光标没有对齐到中心点造成的。另外也可能没有按照智能参考线的提示操作。但也不要紧，只要将参数修改为X10厘米，Y10厘米即可。按Esc键取消定界框。执行"选择"|"取消选择图层"命令，取消对图层的选取。单击"图层"面板底部的 📁 按钮，创建一个图层组。将椭圆所在的形状图层拖入该组，如图4-34和图4-35所示。

图4-34   图4-35

4.3.2 以画面中心为基准复制图形

01 按Ctrl+T快捷键显示定界框。在工具选项栏的参考点定位符上单击，将参考点定位到图形下方，如图4-36所示。将光标放在参考点上，将其从定界框里拖出来，如图4-37所示。将Y设置为10厘米，这样就将椭圆的参考点放置在画面中心了，如图4-38和图4-39所示。

图4-36   图4-37

图4-38   图4-39

02 设置图形的旋转角度为30度，如图4-40和图4-41 所示，按Enter键确认。按Shift+Ctrl+Alt快捷键，之后连按11下T键，复制出一圈椭圆形，如图4-42所示。将该图层组关闭，在其上方新建一个图层，如图4-43所示。

图4-40　　　　　　　　　图4-41

图4-42　　　　　　　　图4-43

03 选择自定形状工具 ✿，按住Shift键拖曳光标，创建一个白色的图形，如图4-44所示。按住Shift键单击最下方的"形状"图层，将所有形状图层选取，如图4-45所示，按Ctrl+G快捷键编入图层组。在该组的名称上双击，显示文本框后，修改名称为"中心图形"，如图4-46所示。

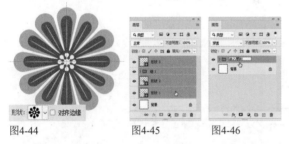

图4-44　　　　图4-45　　　　图4-46

04 单击"图层"面板底部的 ▢ 按钮，新建一个图层组，修改名称为"外侧图形-1"。单击 ⊞ 按钮，在组中新建一个图层，如图4-47所示。在工具选项栏中设置"填充"和"描边"颜色（"粗细"为3像素），如图4-48所示。

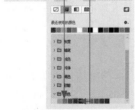

图4-47　　　　　　图4-48

05 绘制图4-49所示的图形。按Ctrl+T快捷键显示定界框。将光标放在定界框右上角，按住Shift键拖

曳光标，图形会以15°角为增量进行旋转。观察智能参考线提示，当图形旋转15°以后，如图4-50所示，按Enter键确认。如果担心角度不够精确，可以在工具选项栏中输入旋转角度。

图4-49　　　　　　　图4-50

06 按Ctrl+T快捷键显示定界框。将参考点向下拖曳，如图4-51所示，之后在工具选项栏中将X和Y值均设置为10厘米。通过这种方法将参考点定位在画面中心，如图4-52所示。

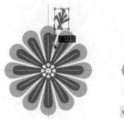

图4-51　　　　　　　图4-52

07 按住Shift键拖曳光标，或者在工具选项栏中输入旋转角度为30°，如图4-53所示。按Enter键确认。按Shift+Ctrl+Alt快捷键，之后连按11下T键，复制出一圈图形，如图4-54所示。

图4-53　　　　　　　图4-54

08 新建一个名称为"外侧图形-2"的图层组。在该组中新建一个图层，如图4-55所示。在工具选项栏中设置"填充"和"描边"颜色，如图4-56所示。

图4-55　　　　图4-56

09 绘制图4-57所示的图形。注意观察智能参考线，将图形对齐到画面中心。按Ctrl+T快捷键显示定界框。先将参考点从定界框里拖出来，如图4-58所示。之后在工具选项栏中将X和Y值均设置为10厘米，即定位在画面中心，如图4-59所示，然后输入旋转角度为30°，如图4-60所示，按Enter键确认。按Shift+Ctrl+Alt快捷键，连按11下T键，复制出一圈图形，如图4-61所示。

10 在组外新建一个图层。使用椭圆工具 ⬭，按住Shift键拖曳光标创建圆形。将该图层放在"背景"图层上方，效果如图4-62所示。新建一个名称为"外侧图形–蝴蝶"的图层组。在组中新建一个图层。采用相同的方法绘制蝴蝶图形，之后复制出一圈蝴蝶，如图4-63所示。

图4-62

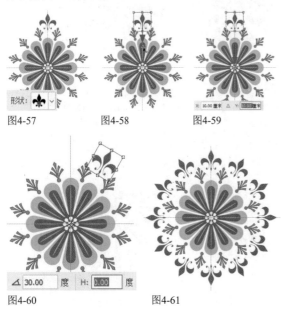

图4-57　　　　图4-58　　　　图4-59

图4-60　　　　图4-61

图4-63

4.4 快速生成二方连续图案

绘制并定义好图案以后，可以使用"填充"命令进行填充。使用其中的脚本图案，可轻松创建各种几何填充效果。例如，让图案像砖块一样错位排列，或者以十字交叉排列，或沿螺旋线排列等。"填充"命令的优点是操作简单，图案样式丰富。其缺点有两个：一是在填充时，图案是作为图像应用的，图案的比例如果放大会导致清晰度下降；二是修改起来没有矢量图形方便。

01 打开花纹素材，如图4-64所示。下面使用其中的大花创建图案，首先需要将其选取。执行"选择"|"选择并遮住"命令，切换到这一工作区。在"视图"下拉列表中选择"叠加"选项，此时画面上会覆盖一层半透明的红色（这种状态与快速蒙版相同），如图4-65所示。

图4-64　　　　　　　　　图4-65

02 选择画笔工具 ，在最大的花朵上拖曳光标，所绘区域半透明的红色会消失，显示原图，如图4-66所示。在"输出到"下拉列表中选择"新建图层"选项，如图4-67所示，单击"确定"按钮，将花朵抠出到新建的图层中，如图4-68和图4-69所示。

图4-66　　　　　　　　　图4-67

图4-68　　　　　　　　　图4-69

提示　*Point*

如果涂抹到其他区域，可以按住Alt键重新涂抹，为其重新覆盖半透明红色。按【键和】键可调整画笔大小。

03 使用矩形选框工具 创建选区，定义图案范围，如图4-70所示。执行"编辑"|"定义图案"命令，将所选花朵创建为图案，如图4-71所示。

图4-70　　　　　　　　　图4-71

04 新建一个1920像素×1080像素、分辨率为72像素/英寸的文件。新建一个图层。执行"编辑"|"填充"命令，打开"填充"对话框，"内容"选择"图案"选项并选择自定义的图案，勾选"脚本"复选框并选择"砖形填充"选项，如图4-72所示。

图4-72

05 单击"确定"按钮，弹出"砖形填充"对话框，参数设置如图4-73所示。单击"确定"按钮填充图案，如图4-74所示。

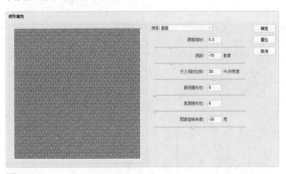

图4-73

图4-74

4.5 制作几何图形四方连续图案

四方连续的常见排法有梯形连续、菱形连续和四切（方形）连续等。它们有一个共同特点，即图案组织上下、左右都能连续，构成循环图案。本实例介绍如何用几何图形构建四方连续图案。

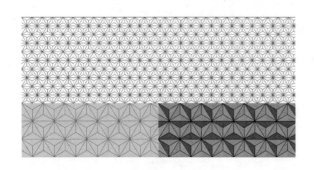

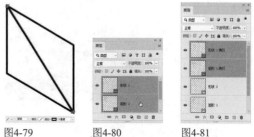

图4-79　　　　　图4-80　　　　　图4-81

01 新建一个大小为1000像素×1000像素、分辨率为72像素/英寸的RGB模式文件。

02 下面绘制基本图案单元。选择矩形工具 □ 及"形状"选项，设置"描边"为5像素，颜色为黑色，无填色。在画布上单击，弹出"创建矩形"对话框，创建200像素×200像素的正方形，如图4-75和图4-76所示。它会保存在形状图层中，如图4-77所示。

03 按Ctrl+T快捷键显示定界框。在工具选项栏中设置图形的斜切角度为30°，如图4-78所示。按Enter键确认。

05 按Ctrl+T快捷键显示定界框，右击，弹出快捷菜单，执行"垂直翻转"命令，如图4-82所示，将图形翻转，再按住Shift键向下移动。注意观察，当两组图形中间出现智能参考线时，才可释放鼠标左键，如图4-83所示。按Enter键确认。

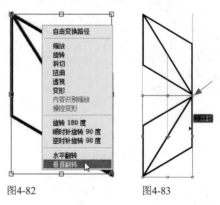

图4-82　　　　　　　　　图4-83

06 使用直线工具 ∕ 在图形顶部创建一条直线。操作时，拖曳出直线后，按住Shift键，此时直线会被强制为水平线，之后按住空格键拖曳光标移动直线，将其对齐到图形的左上角；当左上角对齐，以及直线长度与矩形相同时，会出现相应的智能参考线，通过其辅助，非常容易对齐图形，如图4-84和图4-85所示。

图4-75　　　　　　　　　图4-76

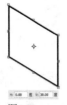

图4-77　　　　　图4-78

04 选择直线工具 ∕ 及"形状"选项，设置"描边"为5像素，颜色为黑色，无填色，在矩形内部绘制一条斜线，如图4-79所示。操作时，按住空格键拖曳光标可以移动直线；放开空格键拖曳，可继续绘制直线，或调整直线的角度，运用这个技巧可以调整直线的位置。按住Ctrl键单击矩形所在的形状图层，将其与直线图层一同选取，如图4-80所示，按Ctrl+J快捷键复制，如图4-81所示。

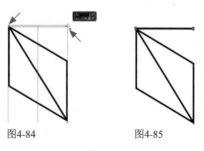

图4-84　　　　　　　图4-85

07 按住Ctrl键（临时切换为路径选择工具 ▶ ）+Shift键（锁定垂直方向）+Alt键，向下拖曳这条直线，将其复制到矩形下方，如图4-86所示。按住Shift键，单击图层列表最底部的形状图层，将其与当前图层之间的所有图层都选取，如图4-87所示，按Ctrl+G快捷键编入图层组，如图4-88所示。

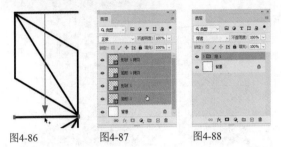

图4-86　　　　图4-87　　　　图4-88

08 按Ctrl+J快捷键复制该图层组，如图4-89所示。按Ctrl+T快捷键显示定界框，右击，弹出快捷菜单，执行"水平翻转"命令，将复制的图形翻转，如图4-90所示；按住Shift键，将其拖曳到右侧对称位置，如图4-91所示。注意观察两个图形的衔接位置，正确的衔接是一个图形刚好压在另一个图形上，如图4-92所示，而不是并排排列的，否则中间就是两条直线的宽度，这是错误的，如图4-93所示。

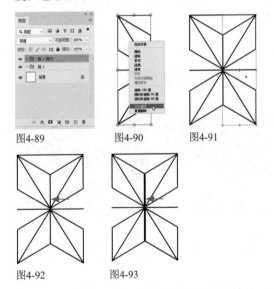

图4-89　　　　图4-90　　　　图4-91

图4-92　　　　图4-93

09 在"背景"图层的眼睛图标 👁 上单击，隐藏该图层，让图形处于透明背景上，如图4-94和图4-95所示。

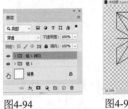 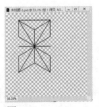

图4-94　　　　图4-95

10 执行"图像"|"裁切"命令，打开"裁切"对话框，选中"透明像素"单选按钮，如图4-96所示，将图形周围的透明区域裁掉，如图4-97所示。

 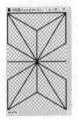

图4-96　　　　　　　图4-97

11 选择裁剪工具 🔲 ，将光标放在左侧的裁剪框上，向右侧拖曳一点，让图形左侧边线处于裁剪框外部，如图4-98所示。为了准确操作，可以按Ctrl++快捷键将视图比例调大，这样更容易看清裁剪位置，如图4-99所示。按Enter键，将图形左侧边线裁掉，如图4-100所示。

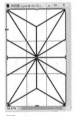  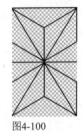

图4-98　　　　图4-99　　　　图4-100

12 执行"编辑"|"定义图案"命令，将图形定义为图案，如图4-101所示。

图4-101

13 新建一个A4大小的文件。新建一个图层。选择油漆桶工具 🪣 ，在工具选项栏中选择"图案"选项，打开"图案"下拉面板，选择自定义的图案，如图4-102所示，在画面中单击，填充该图案，如图4-103所示。

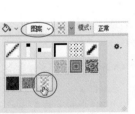 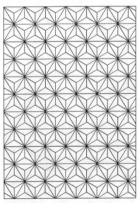

图4-102　　　　　　　图4-103

14 如果觉得黑白图形单调，可单击"调整"面板中的 按钮，在图形上方创建"色相/饱和度"调整图层，勾选"着色"复选框并调整参数，如图4-104所示。为图形上色后，可按Alt+Ctrl+G快捷键创建剪贴蒙版，使调整图层只对图形有效，之后为背景填充一种颜色，效果如图4-105所示。

图4-104

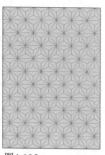
图4-105

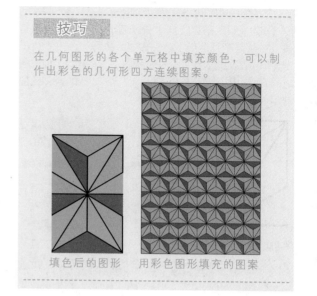

技巧

在几何图形的各个单元格中填充颜色，可以制作出彩色的几何形四方连续图案。

填色后的图形　　用彩色图形填充的图案

4.6 制作四方连续图案

网络上的资源非常丰富，各种类型的图案素材都能找到。如果有现成的素材，可以使用"定义图案"命令创建为图案，再用油漆桶工具进行填充。

01 打开素材，如图4-106所示。当前图像边界上有一圈边框，可先按Ctrl+A快捷键全选，执行"选择"|"修改"|"收缩"命令，打开"收缩选区"对话框。由于是从边界处开始收缩选区，需要勾选"应用画布边界的效果"复选框才能生效，之后设置"收缩量"为5像素，如图4-107所示。

图4-106

图4-107

02 单击"确定"按钮关闭对话框。图4-108和图4-109所示为收缩前后的选区对比效果。

图4-108

图4-109

03 执行"图像"|"裁剪"命令，将边框裁掉。执行"编辑"|"定义图案"命令，将花纹定义为图案，如图4-110所示。

图4-110

04 新建一个A4大小的文件。选择油漆桶工具 ，在工具选项栏中选择"图案"选项，打开下拉

面板，选择新定义的图案，如图4-111所示，在画布上单击填充图案，效果如图4-112所示。

图4-111

图4-112

4.7 用图案预览功能制作四方连续

几何图形四方连续的要点在于对称，而要做好非几何图形（图像或其他形状）四方连续，关键在于衔接，即各个图案单元之间必须无缝衔接。前一个实例使用了现成的素材，如果没有类似合适的素材，可以使用本实例的技巧，即借助"图案预览"命令找到图案单元的对齐位置。

01 新建一个8厘米×8厘米、分辨率为300像素/英寸的RGB模式文件。下面创建一个基本图案单元，为确保填充后各图案单元能无缝衔接，构成循环图案，需要执行"视图"|"图案预览"命令，开启图案预览，再连续按Ctrl+－快捷键，将视图比例调小。

02 打开素材，如图4-113所示。选择移动工具 ✛，将光标移动到图像上方，按住Ctrl键单击，用这种方法选择图像所在的图层，如图4-114所示。

图4-113

图4-114

03 将所选图像拖曳到新建的文档中，到达该文档时，先按住Shift键，移动光标至蓝色矩形框（代表画布范围）内再释放Shift键和鼠标左键，这样拖入的图像会位于画面中心（操作时，画布外会实时显示拼贴效果），如图4-115所示。不这样操作，图像如果放在蓝色矩形框外，就会被裁剪得不完整。

图4-115

04 这样操作还有一个好处，即可以按Ctrl+T快捷键显示定界框，之后拖曳控制点调整图像大小，如图4-116所示。

图4-116

05 切换到素材文件，按住Ctrl键单击图像，如图4-117 所示，选取其所在的图层，如图4-118所示，将图像拖曳到新建的文档中（到达该文档时须按住Shift键），摆放到合适的位置，如图4-119所示。

图4-117   图4-118

图4-119

06 采用同样的方法将其他图像拖入新建的文档，如图4-120所示。

图4-120

07 选择图4-121的图像并拖入新建的文档，如图4-122所示。按住Alt键拖曳，进行复制，如图4-123所示。

图4-121   图4-122

图4-123

08 在"背景"图层的眼睛图标 ◉ 上单击，隐藏该图层，让图案位于透明背景上，如图4-124所示。执行"编辑"｜"定义图案"命令，定义图案。新建一个A4大小的文件。将前景色设置为紫色，如图4-125所示，按Alt+Delete快捷键填色。

   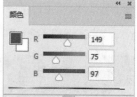

图4-124   图4-125

09 新建一个图层。选择油漆桶工具 ◈ ，在工具选项栏中选择"图案"选项，打开"图案"下拉面板，选择自定义的图案，如图4-126所示，在画面中单击进行填充，如图4-127所示。

图4-126   图4-127

4.8 制作海水纹样并创建图案库

Adobe公司的Photoshop也被用户称为"PS"，其另一款软件Illustrator则被称作"AI"。从应用上看，Illustrator比Photoshop更适合制作图案和服装款式图，因为它是矢量软件，绘图功能更强，且提供了许多图形、画笔和符号素材。在服装设计工作中，可以用Illustrator绘图，再将图形转入Photoshop中进行填色或绘画，利用这两个软件各自的优势，让设计工作更加高效地完成。本实例介绍的操作方法分为两部分，第1部分是制作图案，需要用Illustrator来完成，如果没有安装该软件，可以从第2部分开始。

4.8.1 用Illustrator制作纹样

01 运行Illustrator，按Ctrl+N快捷键新建一个A4大小的文档。选择椭圆工具 ◯，在画板上单击，弹出"椭圆"对话框，参数设置如图4-128所示，单击"确定"按钮，创建圆形，设置"描边"粗细为2pt，如图4-129所示。

图4-128　　　　　　　　图4-129

02 双击比例缩放工具 ⟆，弹出"比例缩放"对话框，设置参数并单击"复制"按钮，如图4-130所示，复制出一个小圆，如图4-131所示。

图4-130　　　　　　　　图4-131

03 按Ctrl+A快捷键全选，按Alt+Ctrl+B快捷键创建混合。双击混合工具 ⬘，弹出"混合选项"对话框，增加圆形数量，如图4-132和图4-133所示。

图4-132　　　　　　　　图4-133

04 执行"对象"|"图案"|"建立"命令，弹出"图案选项"面板，"拼贴类型"设置为"砖形（按行）"，并调整参数，如图4-134所示，效果如图4-135所示。

图4-134　　　　　　　　图4-135

05 单击"底部在前"按钮 ◈，改变图案的先后顺序，如图4-136和图4-137所示。

图4-136　　　　　　　　图4-137

06 单击画板左上角的 ✔ 按钮，完成图案的创建。新建的图案会保存到"色板"面板中。使用矩

形工具▢创建一个矩形，单击该图案，填充图形，如图4-138和图4-139所示。

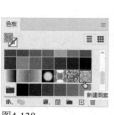 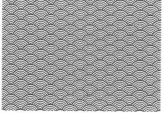

图4-138　　　　　图4-139

4.8.2　将图案导入Photoshop

01 按Ctrl+A快捷键全选，按Alt+C快捷键复制。切换到Photoshop，按Ctrl+N快捷键打开"新建"对话框，使用默认的选项即可，如图4-140所示，新建一个文档。

图4-140

02 按Ctrl+V快捷键粘贴，弹出"粘贴"对话框，选中"像素"单选按钮，如图4-141所示，单击"确定"按钮，将纹样粘贴到Photoshop文件中。按Enter键确认，图案会保存到图层中，如图4-142所示。

图4-141　　　　　图4-142

03 执行"编辑"|"定义图案"命令，将纹样定义为图案。新建一个文件，使用油漆桶工具▢，或者执行"编辑"|"填充"命令，填充图案，如图4-143所示。

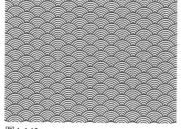

图4-143

4.8.3　创建自定义图案库

01 打开"图案"面板，按住Ctrl键单击本实例及前面实例所创建的几个图案，将它们选取，如图4-144所示。

02 打开面板菜单，执行"导出所选图案"命令，如图4-145所示，弹出"另存为"对话框，将图案库保存到计算机的硬盘上，如图4-146所示。

图4-144

图4-145　　　　　图4-146

4.8.4　加载图案库

01 需要使用自定义的图案库时，可以打开"图案"面板菜单，执行"导入图案"命令，如图4-147所示。

02 弹出"载入"对话框后，找到保存的图案库文件，如图4-148所示，单击"载入"按钮，将其加载到"图案"面板中，如图4-149所示。

图4-147　　　　　图4-148

图4-149

提示　*Point*

删除图案或重定义图案后，可以用"图案"面板菜单中的"复位图案"命令恢复为默认的图案。

4.9 为衣服贴图案

本实例介绍怎样将制作好的图案贴在衣服上，以展示面料图案及着装效果。用到的主要是Photoshop中的图像合成功能，包括不透明度、混合模式和图层蒙版。此外还会使用"置换"滤镜处理图案，用来表现图案随衣服遮住产生的扭曲效果。

4.9.1 衣服抠图

01 打开素材，执行"图像"|"复制"命令，复制文件，再执行"文件"|"存储为"命令，弹出"存储为"对话框，将文件保存为PSD格式，如图4-150所示，之后将其关闭。后面会使用它扭曲图案。

图4-150

02 选择对象选择工具，拖曳光标，拖出一个矩形选区，如图4-151所示，释放鼠标左键，将衣服选取，如图4-152所示。

图4-151

图4-152

03 选择快速选择工具，按住Alt键在衣领、袖口处拖曳光标，将衣领和袖口排除到选区之外，如图4-153所示。这样就只选择衣服主体，如果有漏选区域，可以按住Shift键在其上方拖曳光标，将其添加到选区中。按Ctrl+J快捷键，将所选衣服抠出（即放在新的图层中），如图4-154所示。

图4-153

图4-154

4.9.2 贴图

01 打开素材，如图4-155所示，这是4.6节实例创建的图案。使用移动工具 将其拖入女孩文档中。按Ctrl+T快捷键显示定界框，拖曳控制点调整大小，使其刚好覆盖住女孩的衬衫。

02 按住Ctrl键单击"图层1"的缩览图，如图4-156所示，将衣服的选区加载到画布上，如图4-157所示。单击"图层"面板底部的 按钮，创建图层蒙版，将选区外的图像隐藏，如图4-158所示。

图4-155　　　　图4-156

图4-157　　　　图4-158

03 将光标放在图层与蒙版的链接图标⑧上，如图4-159所示，单击，解除链接，如图4-160所示。以便可以单独调整图案的位置。

图4-159　　　　图4-160

04 设置图层的"不透明度"为15%，让衣服显现出来，如图4-161和图4-162所示。

图4-161　　　　图4-162

05 按两下Ctrl+J快捷键复制图层。单击下方的两个图层的眼睛图标 ◉ ，将这两个图层隐藏，如图4-163所示。在蒙版缩览图上单击，选择蒙版，如图4-164所示。

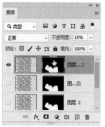

图4-163　　　　图4-164

06 选择画笔工具 ✎ 及"硬边圆"笔尖，在衣身和右侧衣袖上涂抹黑色，将这两处图案隐藏，如图4-165和图4-166所示。

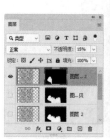

图4-165　　　　图4-166

07 隐藏当前图层，显示其下方图层。单击蒙版缩览图，如图4-167所示，在左、右衣袖上涂抹黑色，效果如图4-168所示。

图4-167　　　　图4-168

08 采用同样的方法处理"图层2"，这次只保留右侧衣袖上的图案，如图4-169和图4-170所示。

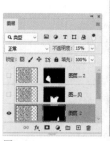

图4-169　　　　图4-170

09 这3个图案所在的图层都显示出来，并将"不透明度"恢复为100%。当前效果如图4-171所示。

图4-171

10 单击图层的缩览图，如图4-172所示，使用移动工具 ✛ 移动图案。另外两个图层中的图案也进行移动，让左、右衣袖上的图案与衣身图案错开位置，效果如图4-173所示。

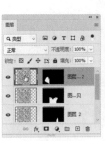

图4-172　　　　图4-173

11 设置这3个图层的混合模式为"正片叠底"，如图4-174和图4-175所示。

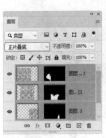

图4-174　　　　图4-175

4.9.3　用置换滤镜扭曲图案

01 单击左侧衣袖图案所在的图层缩览图，如图4-176所示。

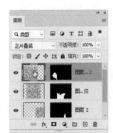

图4-176

02 执行"滤镜"|"扭曲"|"置换"命令，打开"置换"对话框，参数设置如图4-177所示，单击"确定"按钮，在弹出的对话框中选择保存的PSD文件，如图4-178所示，单击"打开"按钮，用它扭曲图案，以此来表现图案随衣服起伏所产生的变化，效果如图4-179所示。单击另外两个图案图层的缩览图，按Alt+Ctrl+F快捷键，应用"置换"滤镜。

图4-177　　　　图4-178

扭曲前　　　　扭曲后

图4-179

03 单击"图层1"，设置混合模式为"正片叠底"，增强衣服褶皱处的色调，如图4-180和图4-181所示。

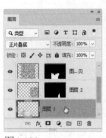

图4-180　　　　图4-181

04 按Ctrl+M快捷键打开"曲线"对话框，拖曳控制点，继续增强对比度，衣服的花纹图案会更加清晰，如图4-182和图4-183所示。

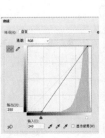

图4-182　　　　图4-183

第5章 面料

5.1 通过面料传达服装个性

色彩、款式造型和面料是构成服装设计的三大要素。色彩和款式是由选用的面料来体现的，因此，服装面料是服装造型和色彩的载体。设计师只有充分了解和掌握服装面料的特征，才能使用Photoshop完美地表现面料的质感和效果。

通常情况下，服装设计大多先从面料的设计搭配入手，根据面料的质地、手感、图案特点等来构思。得体的面料设计处理方案是服装设计的关键，充分发挥材料的特性和可塑性，创造特殊的质感和细节局部，才能阐释服装的个性精神和最本质的美。

被誉为"重金属大师"的法国设计师帕克·拉邦那是被公认的最彻底的材料革新者。他于1966年开始设计并展示自己的独创作品，在面料的选择上不拘一格，尤其是各种金属材料，在他手里更是得到了巧妙运用。他所设计的盔甲般的金属服装，配上水晶珠串、玻璃纸片、鹅卵石、扣子、唱片、瓷砖碎片、塑料片等装饰，营造一个美轮美奂的奇妙形象。

被誉为"面料的魔术师"的日本设计师三宅一生也是一位热衷于面料创新的高手，他的设计特别留意对面料的选择。将布料打造成如同折纸般的沟壑重叠

形象，是三宅一生标志性的设计风格之一，如图5-1和图5-2所示。他还常常深入纺织厂或作坊，从半成品，甚至次品、废品中获取灵感和启发。

图5-1 　　　　　　图5-2

5.2 服装面料的种类

面料是服装设计中不可忽视的重要内容，即使是同一款服装，因为面料的不同，其实用价值或风格也会有所改变。在服装设计效果图中逼真地表现面料的质感，可以使观者明确并了解服装所选用的面料品种。

常用服装面料 ·················

● **棉型织物**：以棉纱线或棉与棉型化纤混纺纱线织成的织品，分为纯棉制品、棉的混纺两大类。其透气性好，

吸湿性好，穿着舒适，是实用性很强的大众化面料。

● **麻型织物**：由麻纤维纺织而成的纯麻织物及麻与其他纤维混纺或交织的织物统称为麻型织物，分为纯纺和

混纺两类。麻型织物的共同特点是质地坚韧、粗犷硬挺、凉爽舒适、吸湿性好，是理想的夏季服装面料。

- **丝型织物**：丝型织物是纺织品中的高档品种。主要指由桑蚕丝、柞蚕丝、人造丝、合成纤维长丝为主要原料的织品。丝型织物具有薄轻、柔软、滑爽、高雅、华丽、舒适的优点。

- **毛型织物**：以羊毛、兔毛、骆驼毛、毛型化纤为主要原料制成的织品。一般以羊毛为主，是一年四季的高档服装面料，具有弹性好、抗皱、挺括、耐穿耐磨、保暖性强、舒适美观、色泽纯正等优点，深受消费者的欢迎。

- **纯化纤织物**：化纤面料以其牢度大、弹性好、挺括、耐磨耐洗、易保管收藏的特性受到人们的喜爱。纯化纤织物是由纯化学纤维纺织而成的面料，其特性由其化学纤维本身的特性来决定。化学纤维可根据不同的需要加工成一定的长度，并按不同的工艺织成仿丝、仿棉、仿麻、弹力仿毛、中长仿毛等织物。

特殊服装面料······

- **针织服装面料**：由一根或若干根纱线连续地沿着纬向或经向弯曲成圈，并相互串套而成。

- **裘皮**：带有毛的皮革，一般用于冬季防寒靴、鞋的鞋里或鞋口装饰。

- **皮革**：各种经过鞣制加工的动物皮（鞣制的目的是防止皮变质）。

- **新型面料及特种面料**：蜡染、扎染、太空棉等。

> **提示** *Point*
>
> 中国古代有一种神奇的火浣布，这种布要用火来洗涤。将布投入火中，布与火一样通红，取出后抖掉火渣，火浣布会变得干干净净。其实火浣布就是用石棉纤维纺织而成的布，具有不可燃性，放在火中可以去除布上的污垢，古代称之为火浣布。

5.3 制作方格棉面料

首先用滤镜制作方格图案和弯曲的棉絮，表现柔软的质感，之后将其定义为图案，并进行填充。为了让方格适应衣服的结构变化，还要使用"液化"滤镜对其进行扭曲。

图5-3

图5-4

01 新建10厘米×10厘米、分辨率为72像素/英寸的RGB模式文件。将前景色设置为蓝色（R106，G187，B234），按Alt+Delete快捷键填色。将背景色设置为白色，如图5-3所示。执行"滤镜"|"风格化"|"拼贴"命令，打开"拼贴"对话框，设置参数如图5-4所示。

02 关闭对话框，按Alt+Ctrl+F快捷键，再次应用该滤镜，让拼贴效果更加清晰，如图5-5所示。执行"滤镜"|"像素化"|"碎片"命令，效果如图5-6所示。

图5-5

图5-6

03 执行"滤镜"|"其他"|"最大值"命令，参数设置如图5-7所示，扩展浅色范围，生成浅蓝

色条格，如图5-8所示。

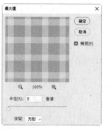

图5-7　　　　　　　图5-8

04 执行"滤镜"|"纹理"|"纹理化"命令，打开滤镜库，在"纹理"下拉列表中选择"粗麻布"选项，生成横纹，如图5-9和图5-10所示。

图5-9　　　　　　　图5-10

05 按Ctrl+J快捷键复制方格图层。执行"滤镜"|"纹理"|"颗粒"命令，通过加入颗粒，对布料表面进行模糊，生成凹凸感和棉絮状质感，如图5-11和图5-12所示。

图5-11　　　　　　　图5-12

06 按Ctrl+J快捷键复制图层。执行"编辑"|"变换"|"顺时针旋转90度"命令。将图层的混合模式设置为"变亮"，如图5-13和图5-14所示。

图5-13　　　　　　　图5-14

07 单击"背景"图层，按Ctrl+A快捷键全选，按Ctrl+C快捷键复制图像。执行"图层"|"拼合图像"命令，将所有图层合并到"背景"图层中。按

Ctrl+V快捷键粘贴，生成"图层1"，设置混合模式为"正片叠底"，如图5-15和图5-16所示。

图5-15　　　　　　　图5-16

08 按Ctrl+U快捷键打开"色相/饱和度"对话框，在"编辑"下拉列表中选择"青色"选项，单独对青色进行调整，如图5-17和图5-18所示。

图5-17　　　　　　　图5-18

09 执行"滤镜"|"杂色"|"添加杂色"命令，添加杂色，使纹理产生粗糙质感，如图5-19和图5-20所示。

图5-19　　　　　　　图5-20

10 执行"滤镜"|"模糊"|"动感模糊"命令，将颗粒沿水平方向模糊，使其变成柔和的棉絮，如图5-21和图5-22所示。

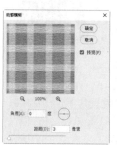

图5-21　　　　　　　图5-22

11 按Ctrl+E快捷键合并图层。执行"滤镜"|"扭曲"|"波纹"命令，让棉絮呈现自然弯曲状，如图5-23和图5-24所示。

图5-23

图5-24

12 选择裁剪工具 ⊞，在图像上拖曳出裁剪框，让面料边缘模糊的部分位于裁剪框外，按Enter键裁掉，效果如图5-25所示。使用矩形选框工具 ▱ 选取图5-26所示的方格面料。

图5-25

图5-26

13 执行"编辑"|"定义图案"命令，将选中的图像定义为图案，如图5-27所示。选择油漆桶工具 ◇ 及"图案"选项，打开"图案"下拉面板，选择自定义的图案，如图5-28所示。

图5-27

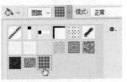
图5-28

14 打开素材，如图5-29和图5-30所示。单击"图层"面板底部的 ⊞ 按钮，新建一个图层。使用油漆桶工具 ◇ 在画面中单击，填充图案，如图5-31和图5-32所示。

图5-29

图5-30

图5-31

图5-32

15 设置混合模式为"正片叠底"。按Alt+Ctrl+G快捷键创建剪贴蒙版，使图案只在衬衫范围内显示，如图5-33和图5-34所示。

图5-33

图5-34

16 执行"滤镜"|"液化"命令，打开"液化"对话框。勾选"显示背景"复选框，窗口中会显示背景图层中的衬衫图形，这样可以方便根据轮廓线对图案进行扭曲，如图5-35所示。

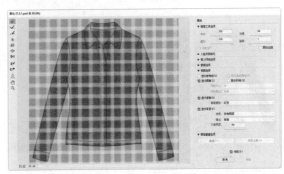
图5-35

提示 *Point*

"液化"滤镜不仅用于扭曲图像，还可识别人像照片中的五官信息，调整眼睛大小、鼻子高度，以及让嘴唇做出微笑的动作，并可调整脸型。使用该滤镜时，如果操作失误，可以按Ctrl+Z快捷键依次撤销操作。如果有需要保护的地方，可以用冻结蒙版工具 ▱ 在其上方涂抹，蒙版会像选区一样保护图像，限定扭曲范围。

17 选择向前变形工具 ◈（可以按] 键和 [键调整工具大小），在图案上拖曳，进行扭曲。在靠近腰处，格子图案是向内收缩的，胸前的图案则应向外

扩张，胳膊上的条纹适当有一些粗细变化，如图5-36所示。单击"确定"按钮，效果如图5-37所示。制作出一种效果后，还可单击"调整"面板中的▦按钮，创建"色相/饱和度"调整图层，改变面料的颜色、饱和度及明度，获得更多颜色的面料，如图5-38和图5-39所示。

图5-37

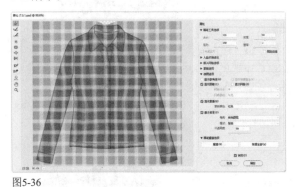

图5-36

图5-38   图5-39

5.4 制作派力斯面料

派力斯面料是羊毛混入一定比例的涤纶纺制成的混色精梳毛纱。本实例使用两个滤镜制作此面料。

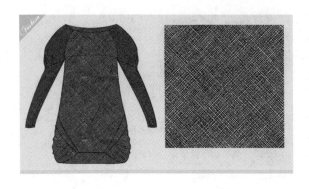

图5-40

图5-41

01 新建一个10厘米×10厘米、分辨率为72像素/英寸的RGB模式文件。将前景色设置为蓝色，按Alt+Delete快捷键填色，如图5-40所示。执行"滤镜"|"杂色"|"添加杂色"命令，制作出蓝、白相间的杂点，如图5-41所示。

02 执行"滤镜"|"画笔描边"|"阴影线"命令，打开滤镜库，参数设置如图5-42所示，完成后的效果如图5-43所示。

图5-42

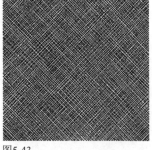

图5-43

5.5 制作泡泡纱面料

泡泡纱是具有特殊外观风格的棉织物，这种布面会呈现均匀密布、凸凹不平的小泡泡。

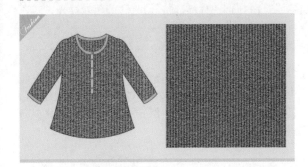

01 新建一个10厘米×10厘米、分辨率200像素/英寸的RGB模式文件。填充天蓝色，如图5-44所示。选择矩形工具 ▢ ，在工具选项栏中选择"形状"选项，绘制一个深蓝色矩形，如图5-45和图5-46所示。使用路径选择工具 ▶ ，按住Shift+Alt快捷键拖曳矩形，沿水平方向复制，如图5-47所示。

图5-46

图5-47

图5-44　　　图5-45

02 继续复制图形，直至布满画面，如图5-48所示。在智能参考线的辅助下，很容易让图形保持相同的间隔。如果图形分布并不均匀，可以使用路径选择工具 ▶ 拖曳出一个选框，将矩形全部选取，然后单击工具选项栏的"水平居中分布"按钮 即可。

提示
Point

打开"视图"|"显示"菜单，"智能参考线"命令前方有√标记表示其已启用。如果没有√标记，可单击这一命令，启用智能参考线。

03 执行"图层"|"拼合图像"命令，将形状图层合并到"背景"图层中。执行"滤镜"|"杂色"|"添加杂色"命令，在图像中添加杂点，如图5-49所示。

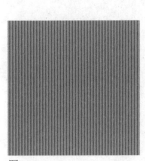
图5-48

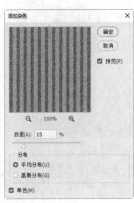
图5-49

04 执行"滤镜"|"扭曲"|"海洋波纹"命令，参数设置如图5-50所示，效果如图5-51所示。

图5-50

图5-51

05 执行"滤镜"|"纹理"|"龟裂缝"命令，打开滤镜库，参数设置如图5-52所示，效果如图5-53所示。

图5-52

图5-53

5.6 制作薄缎面料

本实例将从两个方面入手表现真实效果的薄缎。一是制作薄缎纹理，使用加载的图案来完成；二是表现薄缎的质感。由于缎面光滑度较高，因此对光的反射度也高，为了表现这种质感，需要在衣服的褶皱处用深色绘制阴影，用浅色绘制高光，再通过"柔光"模式将其融合到面料中，进而将褶皱的凸起处提亮，并在凹陷处形成阴影。

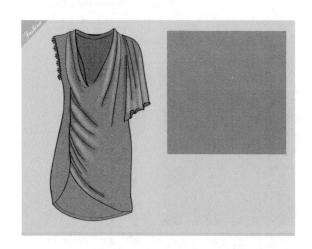

01 打开图稿素材，如图5-54所示。选择油漆桶工具 🪣，在工具选项栏中选择"图案"选项。打开"图案"面板菜单，执行"旧版图案及其他"命令，加载图案库，如图5-55所示。

图5-54　　　　图5-55

02 执行"图案"面板菜单中的"大列表"命令，同时显示图案名称和缩览图，以便于根据名称查找图案。选择"艺术表面"图案组中的"贝伯轻薄缎面织物"选项，如图5-56所示。新建一个图层。使用油漆桶工具 🪣 填充图案，如图5-57所示。

图5-56　　　　图5-57

03 设置该图层的混合模式为"正片叠底"，以显示衣服的轮廓线。按Alt+Ctrl+G快捷键创建剪贴蒙版，让图案只在衣服内部显示，如图5-58和图5-59所示。

图5-58　　　　图5-59

04 单击"调整"面板中的 🔲 按钮，创建"色相/饱和度"调整图层，勾选"着色"复选框并调整参数，为图案上色，如图5-60所示。单击面板底部的 🔲 按钮，将调整图层也加入剪贴蒙版组，让调整只对剪贴蒙版组中的图层有效，如图5-61和图5-62所示。

图5-60

图5-61　　　　图5-62

05 选择画笔工具 🖌 及"柔边圆"笔尖，设置"大小"为36像素，如图5-63所示。新建一个图层，修改名称为"阴影"，设置混合模式为"柔光"。按Alt+Ctrl+G快捷键将其加入剪贴蒙版组。将前景色设

置为黑色，使用画笔工具 ✐ 在衣服上绘制阴影，如图5-64和图5-65所示。使用橡皮擦工具 ✐ （"柔边圆"笔尖，"不透明度"为50%）擦除笔触的边缘，效果如图5-66所示。

制高光，如图5-67~图5-69所示。

图5-63

图5-64

图5-67

图5-68

图5-65

图5-66

图5-69

06 新建一个图层，设置为"柔光"模式并加入剪贴蒙版组。将前景色设置为白色，在衣服上绘

5.7 制作迷彩面料

本实例使用动作功能制作迷彩面料。动作是一种自动化工具，可以将图像的处理过程记录下来，应用于其他图像。如果需要处理多幅图像（如一批照片），则可执行"文件"|"自动"|"批处理"命令，将动作应用于所有文件。动作与"批处理"命令配合，能帮助用户完成大量的、重复性的操作，节省时间，提高工作效率，实现图像处理自动化。

01 新建一个大小为800像素×600像素、分辨率为72像素/英寸的RGB模式文件。在画面中填充深绿色（R7，G85，B46）。

02 打开"动作"面板，单击"创建新组"按钮 ▢ ，打开"新建组"对话框，输入动作组的名称，如图5-70和图5-71所示。创建动作组的目的是将动作保存在组中，否则使用时不容易查找。单击"创建新动作"按钮 ▣ ，打开"新建动作"对话框，如图

5-72所示，单击"记录"按钮，开始录制动作，此时面板中的"开始记录"按钮会变为红色 ●，如图5-73所示。

图5-70

图5-71

图5-72

图5-73

03 单击"通道"面板中的"创建新通道"按钮 ⊞，新建一个Alpha通道，如图5-74所示。执行"滤镜"|"杂色"|"添加杂色"命令，在通道中生成杂点，如图5-75所示。

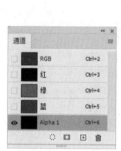
图5-74

图5-75

04 执行"滤镜"|"像素化"|"晶格化"命令，将杂点扩大成不规则色块，如图5-76所示。执行"滤镜"|"模糊"|"高斯模糊"命令，让色块的边角成为圆角，如图5-77所示。

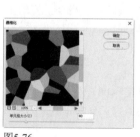
图5-76

图5-77

05 按Ctrl+L快捷键打开"色阶"对话框，将两边的滑块向中间拖曳（也可在滑块下方输入数值），增强对比度，使灰色块变成白色，背景变成黑色，如图5-78和图5-79所示。

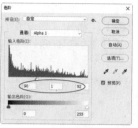
图5-78

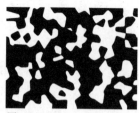
图5-79

06 单击"通道"面板底部的 ⊡ 按钮，将通道中的选区加载到画面上。单击RGB主通道，如图5-80所示，恢复彩色图像的显示，即结束通道的编辑，如图5-81所示。

图5-80

图5-81

07 单击"调整"面板中的 ▥ 按钮，创建"色阶"调整图层，将黑场滑块向右拖曳，选区会转换到调整图层的蒙版中，对调整范围进行限定，即将原选区内的图像色调调暗，这样就得到了深绿色的色块，如图5-82所示，效果如图5-83所示。单击"动作"面板底部的"停止播放/记录"按钮 ■，结束动作的录制。

图5-82

图5-83

08 单击"动作1"，如图5-84所示，再单击"动作"面板底部的"播放选定动作"按钮 ▶，将上述操作自动执行一遍，再制作出一个色阶调整图层，如图5-85所示。由于"添加杂色"和"晶格化"滤镜具有随机性，因此，这次生成的色块与第一次的也不同，纹理效果非常丰富，如图5-86所示。

09 现在"色阶2"调整图层处于当前编辑状态，在"属性"面板中将它的黑场滑块拖回原处，将白场滑块向中间拖曳，让这一层色块的色调与之前一层也产生区别，如图5-87和图5-88所示。

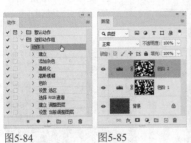

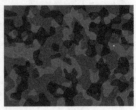

图5-84 图5-85 图5-86 图5-87 图5-88

5.8 制作牛仔布面料

本实例使用滤镜制作牛仔布的纹理细节，再绘制斜线模拟纺织线，将其压印在纹理上。为了确保斜线的间隔均匀，将使用Photoshop的对齐和分布功能。

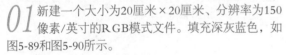

01 新建一个大小为20厘米×20厘米、分辨率为150像素/英寸的RGB模式文件。填充深灰蓝色，如图5-89和图5-90所示。

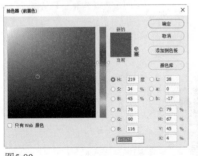

图5-89 图5-90

02 执行"滤镜"|"纹理"|"纹理化"命令，打开滤镜库，在"纹理"列表中选择"画布"选项并设置参数，将牛仔布的纹理细节初步表现出来，如图5-91和图5-92所示。

图5-91 图5-92

03 下面在这层纹理的上方再压一层斜纹，模拟纺织线。新建一个图层并填充白色，之后再创建一个图层。

04 选择画笔工具 ✐，按住Shift键拖曳光标，锁定水平方向绘制一条直线，如图5-93所示。选择移动工具 ✛，按住Alt键拖曳直线进行复制。连续按Ctrl+-快捷键缩小视图比例，当画布外侧显示灰色的暂存区时，按住Ctrl键在画布外单击并拖曳出一个选框，将线条全部选取，如图5-94所示。

图5-93 图5-94

05 单击工具选项栏中的 ≡ 按钮和 ≣ 按钮，将线条对齐，如图5-95和图5-96所示。按Ctrl+E快捷键

合并所有直线图层。

全部覆盖。将白色图层删除，再将线条图层与背景合并，这样就在滤镜制作的纹理上方压了一层斜纹，如图5-98所示。

图5-95　　　　　　　图5-96

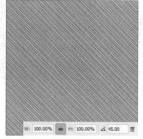

图5-97　　　　　　　图5-98

06 按Ctrl+T快捷键显示定界框，在工具选项栏中设置旋转角度为45度，如图5-97所示，按Enter键确认。按住Alt键拖曳直线图层，用复制出的直线将画布

5.9　制作摇粒绒面料

摇粒绒是由大圆机编织而成，织成后坯布先经染色，再经拉毛、梳毛、剪毛、摇粒等多种复杂的工艺加工处理，面料正面拉毛，摇粒蓬松。与之前的几个实例追求真实的效果不同，本实例将以绘画的形式表现这种面料，并非完全写实，学习重点应放在笔尖参数的设定上。

02 选择画笔工具 ✎ 。在"画笔"面板中展开"旧版画笔"|"默认画笔"列表，选择"铅笔"笔尖，如图5-101所示。在"色板"面板中拾取"纯洋红"色作为前景色，如图5-102所示。单击"路径"面板底部的 ○ 按钮，用画笔为路径描边，如图5-103所示。

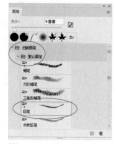

图5-101

01 打开素材。单击"路径"面板中的"路径1"，如图5-99所示，让其在画面中显示，如图5-100所示。

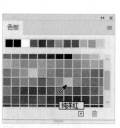

图5-102　　　　　　　图5-103

图5-99　　　　　　　图5-100

03 选择"大油彩蜡笔"笔尖，如图5-104所示，将笔尖"大小"设置为50像素，在"画笔设置"面板中将"圆度"设置为36%，"间距"设置为5%，如图5-105所示。单击选择左侧列表中的"形状动态"

选项，然后在右侧面板设置"大小抖动"为13%，如图5-106所示。之后为笔尖添加"散布"和"颜色动态"属性，参数设置如图5-107和图5-108所示。

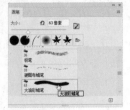
图5-104

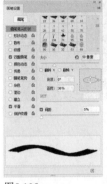
图5-105

图5-106

图5-107

图5-108

04 在"色板"面板中拾取前景色，如图5-109所示。以连续单击及拖曳光标两种方法为裙子上色，如图5-110所示。

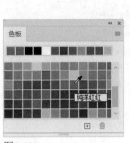
图5-109

图5-110

05 新建一个图层。选择"柔边圆"笔尖，设置"大小"为30像素，如图5-111所示，绘制裙子褶皱处的高光，如图5-112所示。

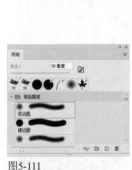
图5-111

图5-112

5.10 制作绒线面料

本实例使用滤镜制作绒线。制作过程中有两个滤镜较为关键，一是"壁画"滤镜，它负责将色块生成绒线的初级形态；二是"照亮边缘"滤镜，它能从色块中提取亮边，使绒线显现出来。

01 新建一个10厘米×10厘米、分辨率为72像素/英寸的RGB模式文件。在画面中填充蓝色，如图5-113所示。执行"滤镜"|"杂色"|"添加杂色"命令，制作杂点，如图5-114所示。

101

图5-113

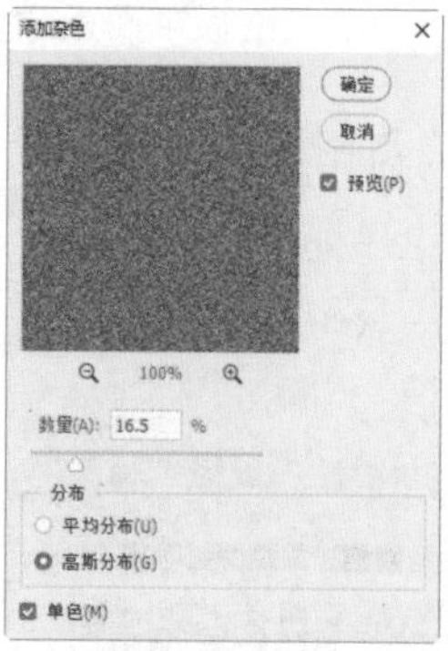

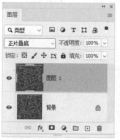

图5-114

05 按Ctrl+J快捷键复制"背景"图层。执行"编辑"|"变换"|"顺时针旋转90度"命令，将图像旋转90°。设置该图层的混合模式为"正片叠底"，如图5-121和图5-122所示。按Ctrl+E快捷键向下合并图层。

02 执行"滤镜"|"杂色"|"中间值"命令，对杂色进行中和，以起到模糊并放大杂点的效果，如图5-115和图5-116所示。

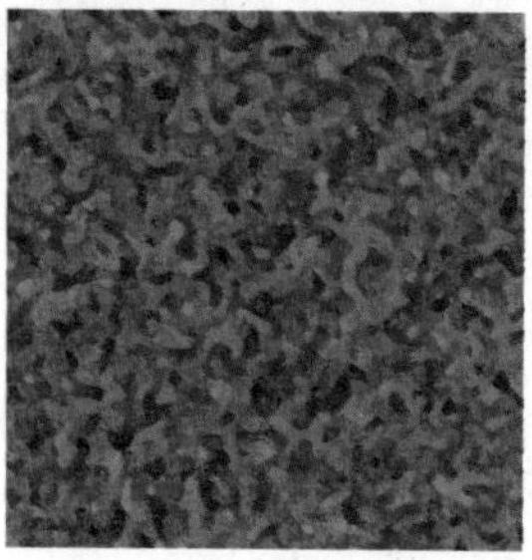

图5-121

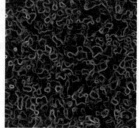

图5-122

图5-115

图5-116

06 执行"滤镜"|"风格化"|"照亮边缘"命令，从色块中提取较亮的边缘，同时进一步将其提亮，这样绒线就凸显出来了，如图5-123和图5-124所示。

03 执行"滤镜"|"艺术效果"|"壁画"命令，打开滤镜库，参数设置如图5-117所示。该滤镜可以使用短而圆的色块描绘图像，效果粗犷，如图5-118所示。

图5-123

图5-124

图5-117

图5-118

07 按Ctrl+U快捷键打开"色相/饱和度"对话框，调整绒线的颜色，如图5-125和图5-126所示。

04 执行"滤镜"|"扭曲"|"玻璃"命令，对色块进行扭曲，如图5-119和图5-120所示。

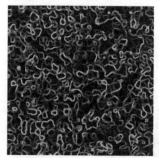

图5-125

图5-119

图5-120

图5-126

5.11 制作毛线编织面料1

本实例使用滤镜制作毛线图案，再利用混合模式为图案上色。混合模式在混合图像的同时会改变色相、饱和度和明度，操作起来非常方便。如果使用调色命令，还需要创建选区来限定调整范围。

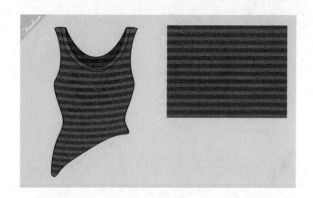

01 新建一个800像素×600像素、分辨率为72像素/英寸的RGB模式文件。选择油漆桶工具 ，在工具选项栏中选择"图案"选项。打开"图案"面板菜单，执行"旧版图案及其他"命令，加载该图案库，之后在"图案"组中选择"箭尾2"图案，如图5-127所示。在画面中单击，填充该图案，如图5-128所示。

图5-127　　　　图5-128

02 这种对称的箭尾图案虽然展现了毛线编织效果，但其大小、形状完全相同，在真实环境中，即使再好的机器也无法织出这么匀称的图案。执行"滤镜"|"扭曲"|"波纹"命令，对图案进行扭曲，让每一对箭尾都呈现变化，如图5-129和图5-130所示。

03 将前景色设置为深黑洋红色，背景色设置为洋红色，如图5-131所示。新建一个图层。按Ctrl+Delete快捷键填充洋红色。执行"滤镜"|"素描"|"半调图案"命令，打开滤镜库，创建条纹图案，如图5-132和图5-133所示。

图5-131 图5-132　　　　　　　图5-133

04 将该图层的混合模式设置为"亮光"。这一图层中的浅色（洋红色）会使下层图像，即毛线图案变亮，深色（深黑洋红色）会使毛线图案的色调变暗，通过这种方法可以得到两种颜色的毛线混编效果，如图5-134和图5-135所示。

图5-134　　　　　　　图5-135

05 将前景色设置为蓝色。新建一个图层，设置混合模式为"色相"。选择自定形状工具 ，在工具选项栏中选择"像素"选项，在"形状"下拉面板中选择鸽子形状，创建该图形。由于设置了"色相"模式，蓝色鸽子会改变它下方图层的色相，这样既得到了鸽子图案，又得到了另外两种颜色——深蓝和浅蓝混编效果，如图5-136和图5-137所示。

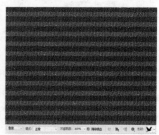

图5-136　　　　　　　图5-137

5.12 制作毛线编织面料2

与5.11节的毛线编织面料实例相比，本实例将侧重于图案的效果表现，即制作麦穗图案，以及质感表现，即麦穗毛线的表现。因此，技术含量也更高。例如，麦穗图形是用钢笔工具绘制而成，用加深和减淡工具加工为立体形状。图形的排布则借助了对齐和分布功能。

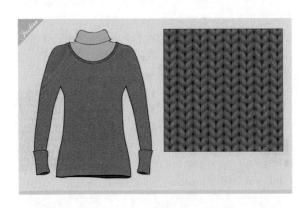

01 按Ctrl+N快捷键，新建一个10厘米×10厘米、分辨率为150像素/英寸的RGB模式文件。选择钢笔工具 ⬤，在工具选项栏中选择"形状"选项，绘制一个图形，如图5-138所示，它会保存在形状图层上，如图5-139所示。

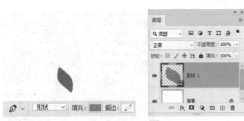

图5-138　　　　图5-139

02 在图层上右击，弹出快捷菜单，执行"栅格化图层"命令，将其转换为图像，如图5-140和图5-141所示。

图5-140　　　　图5-141

03 用减淡工具 ⬤（"范围"为"中间调"，"曝光度"为10%）和加深工具 ⬤（参数相同）涂抹图形，表现立体效果，如图5-142所示。如果绘制的图形较大，可以按Ctrl+T快捷键显示定界框，再将其缩小，大小调到画面纵向能够排列大概15个图形为准。执行"滤镜"|"杂色"|"添加杂色"命令，在

图形中添加杂色，如图5-143所示。

图5-142　　图5-143

04 执行"滤镜"|"模糊"|"动感模糊"命令，对图像进行模糊处理，如图5-144所示。使用移动工具 ⬤，按住Alt键拖曳图形进行复制。执行"编辑"|"变换"|"水平翻转"命令，将图形翻转，如图5-145所示。

图5-144　　　　　　　图5-145

05 按住Ctrl键单击这两个图形所在的图层，将其选取，如图5-146所示，按Ctrl+E快捷键合并。按Alt+Shift快捷键锁定垂直方向拖曳图形进行复制，如图5-147所示。按住Ctrl键，依次单击所有图形所在的图层，单击工具选项栏中的 ⬤ 按钮和 ⬤ 按钮，让图形对齐并均匀分布，如图5-148所示。

图5-146　　　　图5-147　图5-148

06 合并除"背景"图层外的所有图层,通过复制的方式制作出其他图形,如图5-149所示。选择背景图层并填充黑色,如图5-150所示。按Shift+Ctrl+E快捷键合并全部图层。

07 使用"添加杂色"和"动感模糊"滤镜处理图像(参数可参考第3步和第4步,每个滤镜应用两次),完成后的效果如图5-151所示。

图5-149

图5-150

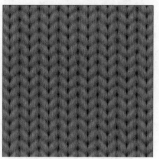

图5-151

5.13 制作裘皮面料

本实例中毛发效果的表现使用的是Photoshop预设的"脉纹羽毛2"笔尖,通过调整"形状动态""散布"和"颜色动态"参数改变笔尖原有的属性,让羽毛变为裘皮面料的毛发。毛皮颜色和光感的表现则使用了渐变和混合模式。最后,通过"曲线"调整图层增强色调的对比度。

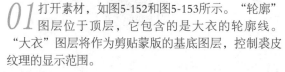

图5-152

图5-153

01 打开素材,如图5-152和图5-153所示。"轮廓"图层位于顶层,它包含的是大衣的轮廓线。"大衣"图层将作为剪贴蒙版的基底图层,控制裘皮纹理的显示范围。

02 在"大衣"图层上方新建一个图层。按Alt+Ctrl+G快捷键创建剪贴蒙版,如图5-154所示。选择画笔工具 ✎,在"画笔"面板中展开"旧版画笔"|"人造材质画笔"列表,选择"脉纹羽毛2"笔尖,如图5-155所示。

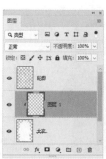

图5-154

图5-155

03 在"画笔设置"面板中将"角度"调整为28°，如图5-156所示。为笔尖添加"形状动态"属性，以调整笔迹的变化形态，如图5-157所示。添加"散布"属性，对笔迹数目和位置进行调整，以便使笔迹沿绘制的线条扩散，其中"两轴"选项用来控制笔迹的分散程度，数值越高，分散的范围越广，如图5-158所示。添加"颜色动态"属性，让笔迹的颜色产生变化，如图5-159所示。

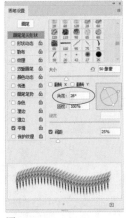

图5-156　　　　　　　　图5-157

图5-158　　　　　　　　图5-159

04 将前景色设置为深黑冷褐色（R54，G46，B43），如图5-160所示，背景色设置为浅灰色（R201，G201，B201）。在大衣上涂抹，直到纹理布满大衣区域，如图5-161所示。

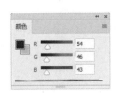

图5-160　　　　　　　　图5-161

05 新建一个图层，按Alt+Ctrl+G快捷键将其加入剪贴蒙版组。选择渐变工具 ■。打开"渐变"面板菜单，执行"旧版渐变"命令，加载该渐变库，选择其中的"铜色渐变"选项，如图5-162所示，由上至下拖曳，填充渐变，如图5-163所示。

图5-162　　　　　　　　图5-163

06 设置图层的混合模式为"线性光"，"不透明度"为50%，如图5-164和图5-165所示。

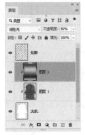

图5-164　　　　　　　　图5-165

07 选择"轮廓"图层，单击"图层"面板顶部的 🔒 按钮，解除该图层的锁定，如图5-166所示。选择魔棒工具 ✒，在工具选项栏中单击"添加到选区"按钮 ▣，设置"容差"为30，取消"对所有图层取样"复选框的勾选，在衣服的衬里部分单击，选取这些区域，如图5-167所示。

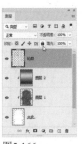

图5-166　　　　　　　　图5-167

08 新建一个名称为"衬里"的图层。将前景色设置为深灰色，如图5-168所示，按Alt+Delete快捷键在选区内填色，取消选择，如图5-169所示。使用魔棒工具 ✒ 选取纽扣。修改前景色和背景色，如图5-170所示。选择渐变工具 ■，在工具选项栏中单击"径向渐变"按钮 ▣，打开"渐变"下拉面板，选择"前景色到背景色渐变"选项，如图5-171所示。新建一个图层，修改名称为"纽扣"。为纽扣填充径向渐变，如

图5-172所示。按Ctrl+D快捷键取消选择。

图5-168　　　　　　　图5-169

图5-170　　图5-171　　　　　图5-172

09 新建一个图层，修改名称为"条纹"，设置混合模式为"柔光"。选择画笔工具✎，使用"柔边圆"笔尖绘制出大衣的深色纹路，如图5-173和图5-174所示。

图5-173　　　　图5-174

10 单击"调整"面板中的 ▦ 按钮，创建"曲线"调整图层，在曲线偏下部单击，添加一个控制点，通过按→、←、↓键，将该点向下移动一点，将深色调调暗一些。在曲线偏上部添加一个控制点，并将曲线略向上调整，提高色调的明度。通过这种S形曲线增强色调的对比度，如图5-175和图5-176所示。

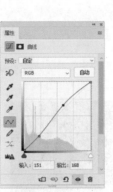

图5-175　　　　　　　图5-176

技巧

使用"曲线"和"色阶"命令增加彩色图像的对比度时，通常还会增加色彩的饱和度，因此，曲线的调整要适度，才不至于使图像出现偏色。另外，要避免出现偏色，可以通过"曲线"或"色阶"调整图层来进行调整，再将调整图层的混合模式设置为"明度"即可。

5.14 制作蛇皮面料

本实例使用滤镜制作蛇皮面料。为了模拟真实的蛇皮纹理形状，将从4个方面逐步展开，即不规则色块，纹理大小的变化，纹理立体感的呈现，以及纹理色彩和亮度的变化。

01 新建一个10厘米×10厘米、分辨率为200像素/英寸的RGB模式文件。将前景色设置为绿色，背景色设置为深绿色，按Ctrl+Delete快捷键填充深绿色，如图5-177所示。按Ctrl+J快捷键复制"背景"图层，之后单击"背景"图层，如图5-178所示。

图5-177　　　　图5-178

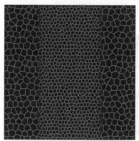

图5-185　　　　图5-186

02 执行"滤镜"|"纹理"|"染色玻璃"命令，打开滤镜库，参数设置如图5-179所示。该滤镜可以将图像划分为不规则的、类似于玻璃块的多边形色块，并用前景色填充色块之间的缝隙，这种效果与蛇皮纹路非常相似，如图5-180所示。

05 执行"滤镜"|"模糊"|"高斯模糊"命令，让色块边缘变得柔和一些，如图5-187和图5-188所示。

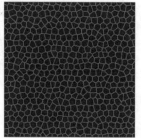

图5-179　　　　图5-180

图5-187　　　　图5-188

03 单击"图层1"。用"染色玻璃"滤镜处理该图层，设置"单元格大小"为9，如图5-181所示，生成更加密集的纹理，如图5-182所示。

06 按Ctrl+L快捷键打开"色阶"对话框，将阴影滑块和高光滑块向中间拖曳，增加对比度，这样色块的边角会变得圆滑，而且缝隙的宽度也有了比较自然的变化，如图5-189和图5-190所示。

图5-181　　　　图5-182

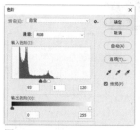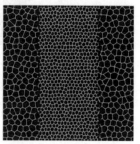

图5-189　　　　图5-190

04 使用矩形选框工具 选取中间图像，执行"选择"|"修改"|"羽化"命令，对选区进行羽化，如图5-183所示。按Shift+Ctrl+I快捷键反选，按Delete键删除选中的图像，如图5-184和图5-185所示。按Ctrl+E快捷键合并图层，如图5-186所示。

07 使用吸管工具 在浅绿色缝隙上单击，拾取颜色。选择画笔工具 及"硬边圆"笔尖，设置"大小"为4像素，如图5-191所示。在中间图形与两侧图形的交界处涂抹，将断开的色块边线封闭起来，如图5-192所示。

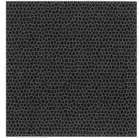

图5-183　　　　图5-184

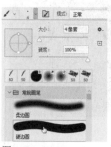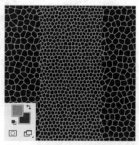

图5-191　　　　图5-192

08 单击"背景"图层，按Ctrl+J快捷键复制。执行"滤镜"|"风格化"|"浮雕效果"命令，为色块添加立体效果，使其看上去呈现凸出感，如图5-193和图5-194所示。

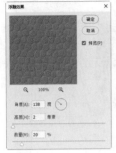

图5-193　　　　　　图5-194

09 单击"背景"图层，按Ctrl+J快捷键复制，如图5-195所示。执行"滤镜"|"渲染"|"云彩"命令，制作云彩图案，如图5-196所示。

图5-195　　　　　图5-196

10 将"背景 拷贝"图层的混合模式设置为"变亮"，将"图层1"的混合模式设置为"正片叠底"，如图5-197和图5-198所示，效果如图5-199所示。按Shift+Ctrl+E快捷键合并所有图层。如果想要保留原有图层，也可按Shift+Alt+Ctrl+E快捷键将当前效果盖印到一个新的图层中。用减淡工具 🔍（"范围"为中间调，"曝光度"为40%）涂抹图形两边，营造光亮效果，如图5-200所示。

图5-197　　　　　图5-198

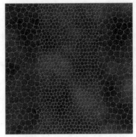

图5-199　　　　　图5-200

5.15 制作豹皮面料

本实例使用野生豹子图像作为素材制作一个豹纹坎肩。现成的素材大大简化了制作过程，而且效果更加真实。但仍需使用Photoshop的绘画工具描绘阴影，表现立体感。

01 打开素材，如图5-201所示。使用矩形选框工具 ▦ 创建选区，选取纹理图案最丰富的部分，如图5-202所示。按Ctrl+C快捷键复制选中的图像。

图5-201　　　　　　图5-202

02 打开上衣素材，如图5-203和图5-204所示。使用
魔棒工具 选取坎肩的肩膀部分，如图5-205所
示。执行"选择"|"修改"|"扩展"命令，将选区
向外扩展1像素，如图5-206所示。

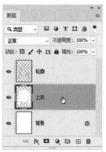

图5-203　　　　　　　图5-204

图5-205　　　　　　　图5-206

03 执行"编辑"|"选择性粘贴"|"贴入"命
令，将复制的豹纹图案贴到选区内，此时会自
动添加蒙版，将原选区外的图像隐藏，如图5-207和图
5-208所示。

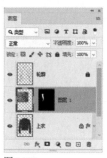

图5-207　　　　　　　图5-208

提示 *Point*

执行"贴入"命令后，图像与蒙版之间没有链
接，此时可对图案进行自由变换，或根据衣服
的结构对图案进行变形。如果单击了蒙版缩览
图，则变换的只是蒙版。如果要让图像与蒙版
之间建立链接，可以在它们中间单击，显示 状图标即可。

04 按Ctrl+T快捷键显示定界框，如图5-209所示，
将光标放在定界框内，拖曳光标，将图案向上
移动。按住Shift键拖曳定界框的一角，将图案等比缩
小，如图5-210所示。

图5-209　　　　　　　图5-210

05 拾取"色板"面板中的"深黑暖褐"色作为前
景色，如图5-211所示。新建一个图层，设置混
合模式为"正片叠底"。按Alt+Ctrl+G快捷键创建剪
贴蒙版，如图5-212所示。

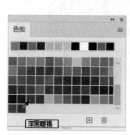
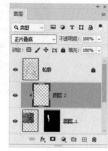

图5-211　　　　　　　图5-212

06 使用画笔工具 （"柔边圆"笔尖）绘制衣服
的暗部，如图5-213和图5-214所示。

图5-213　　　　　　　图5-214

07 选取坎肩的领子部分，执行"编辑"|"选择性
粘贴"|"贴入"命令，粘贴豹纹图案，如图
5-215和图5-216所示。采用第5步的方法创建图层及剪
贴蒙版，并修改混合模式，之后用画笔工具 绘制出
领子的暗部，如图5-217和图5-218所示。

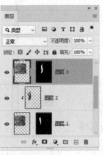

图5-215

图5-216

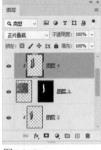

图5-217

图5-218

08 采用同样的方法制作出坎肩的其他部分，如图5-219和图5-220所示。

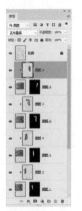

图5-219　　　　　图5-220

09 选择"上衣"图层，单击 ▣ 按钮，将该图层的透明区域锁定，如图5-221所示。调整前景色（R74，G60，B52），按Alt+Delete快捷键为上衣填充颜色，如图5-222所示。

图5-221

图5-222

10 双击"上衣"图层，打开"图层样式"对话框，添加"图案叠加"效果。打开"图案"下拉面板，选择"旧版图案"库中的"微粒"图案，设置混合模式为"颜色减淡"，为上衣添加这种图案，如图5-223所示。

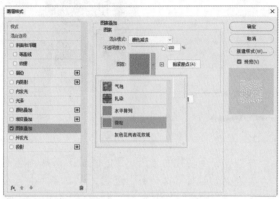

图5-223

11 按住Ctrl键单击"上衣"图层的缩览图，将上衣选区加载到图像上，如图5-224和图5-225所示。下面用它来限定绘画范围。

图5-224

图5-225

12 新建一个名称为"阴影"的图层，设置混合模式为"正片叠底"，"不透明度"为40%。将前景色设置为黑色。使用画笔工具 ✐（"柔边圆"笔尖）绘制出衣服的暗部和褶皱，如图5-226和图5-227所示。

图5-226

图5-227

13 选择橡皮擦工具 ✎，设置"不透明度"为50%，"大小"为80像素，如图5-228所示，擦除笔触的边缘，使阴影自然柔和，如图5-229所示。

图5-228　　　　　　图5-229

14 新建一个名称为"纽扣"的图层。选择画笔工具 ✎，选择"柔边圆"笔尖，设置"大小"为15像素，"硬度"为80%，"间距"为400%，如图5-230所示。按住Shift键，由上至下拖曳光标绘制衣扣，如图5-231所示。

图5-230　　　　　图5-231

15 双击"纽扣"图层，打开"图层样式"对话框，添加"斜面和浮雕"效果，如图5-232所示，使纽扣产生立体效果。再添加一个"投影"效果，如图5-233和图5-234所示。

图5-232　　　　　　　图5-233

图5-234

5.16　制作孔雀图案面料

在Adobe公司的众多软件里，Photoshop是图像编辑类程序，Illustrator是矢量图形编辑程序，它们各有分工，也各有所长。本实例使用的是Illustrator中的孔雀、印度豹和斑马图案，再以智能对象的形式嵌入Photoshop文件中，并进行自动更新。需要说明的是，要完成本实例，计算机中需要安装Adobe Illustrator软件。

01 运行Adobe Illustrator。执行"窗口"|"色板库"|"图案"|"自然"|"自然_动物皮"命令，打开面板后，选择图5-235所示的图案。使用矩形工具 ▢ 创建一个矩形，它会自动填充该图案，如图5-236所示。

02 按Ctrl+C快捷键复制矩形。切换到Photoshop，打开前一个实例的效果文件。单击"图层1"，如图5-237所示，按Ctrl+V快捷键粘贴图形，弹出图5-238所示的对话框，选中"智能对象"单选按钮。

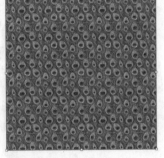

图5-235　　　　　图5-236

图5-237　　　　　图5-238

03 单击"确定"按钮，粘贴图形，如图5-239所示（如果图形大小与图示中不同，可以拖曳控制点进行调整）。按Enter键，图形会保存到一个矢量智能对象图层上，如图5-240所示。

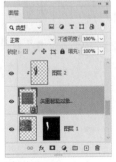

图5-239　　　　　图5-240

04 按Alt+Ctrl+G快捷键，将其与"图层1"创建为剪切蒙版组，如图5-241和图5-242所示。

图5-241　　　　　图5-242

05 按住Alt键向上拖曳"矢量智能对象"图层至"图层3"上方，复制该图层，如图5-243所示，通过这种方法为坎肩领子添加孔雀羽毛图案，如图5-244所示。

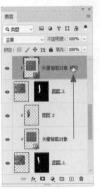

图5-243　　　　　图5-244

06 用同样的方法，将"矢量智能对象"图层复制到其他剪贴蒙版组中，制作出带有孔雀纹理的坎肩，如图5-245和图5-246所示。

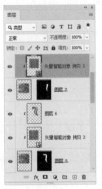

图5-245　　　　　图5-246

07 由于置入的是一个Illustrator中的矢量图形，Photoshop将其创建为智能对象，这个图形与原程序（Illustrator）之间存在着链接关系，即该图形可以用原程序编辑，而且，Photoshop文件中的智能对象还会自动更新到与之相同的效果。可链接和自动更新是智能对象非常大的优点，只要双击"矢量智能对象"缩览图右下角的图标，如图5-247所示，就会自动跳转到Illustrator中打开文件。使用选择工具选取画面中的矩形图案，单击"自然_动物皮"图案面板中的"美洲鳄鱼"图案，如图5-248所示，用它替换原有的图案，如图5-249所示，按Ctrl+S快捷键保存修改结果。

图5-247

113

图5-248

图5-249

图5-251　　　　　　　　图5-252

08 切换到Photoshop，可以看到，图案会立刻更新，如图5-250所示。图5-251和图5-252所示为使用Illustrator中的"印度豹"和"斑马"图案制作的效果。

图5-250

技巧

智能对象有几种不同的创建方法。除本实例中的方法外，执行"文件"|"打开为智能对象"命令可以打开一个文件，并创建为智能对象。执行"图层"|"智能对象"|"转换为智能对象"命令，可以将所选图层转换为智能对象。执行"文件"|"置入嵌入对象"命令，可在当前文件中置入一个智能对象。

5.17 制作印花面料

本实例将使用Photoshop中的图形绘制纹样，并定义成图案，用以制作印花面料。为了让纹样连续排列，需要使用参考线定位图案范围，因此，参考线的位置是本实例的关键。

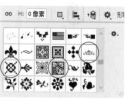

图5-253

图5-254

01 新建一个10厘米×10厘米、分辨率为200像素/英寸的RGB模式文件。在画面中填充绿色（R95，G154，B52）。将前景色设置为黄绿色（R158，G201，B39）。选择自定形状工具 ，在工具选项栏中选择"形状"选项，打开"形状"下拉面板，选择图5-253所示的3种图形进行绘制，如图5-254所示。

02 使用路径选择工具 拖曳出一个选框，将路径图形全部选取，如图5-255所示。按住Alt键拖曳进行复制，之后调整各图形位置，制作出图5-256所示的图案。

03 按Ctrl+R快捷键显示标尺。使用路径选择工具 拖曳出选框，将路径全部选取，此时会显示锚点，如图5-257所示。从标尺中拖出参考线（4条），以锚点为参照，将参考线放在这些图形最中心的那一个周围，如图5-258所示。下面要将参考线内的图像定义为图案，因此参考线的位置一定要

准确，否则填充图案时，图案之间衔接不上，没法形成连续的纹样。

图5-255　　图5-256

图5-257　　　　图5-258

04 在"背景"图层的眼睛图标 👁 上单击，隐藏该图层，如图5-259所示。使用矩形选框工具 ⬚，选择被参考线围住的图形，如图5-260所示。

图5-259　　　　图5-260

05 执行"编辑"|"定义图案"命令，将图形定义为图案，如图5-261所示。

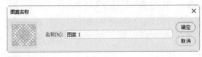

图5-261

06 显示并选择"背景"图层，如图5-262所示，按Ctrl+J快捷键复制，如图5-263所示。

图5-262　　　　图5-263

07 双击"背景 拷贝"图层，打开"图层样式"对话框，添加"图案叠加"效果，在"图案"下拉面板中选择新创建的图案，如图5-264所示。将形状图层隐藏，效果如图5-265所示。

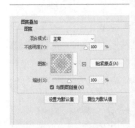 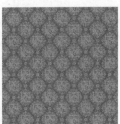

图5-264　　　　图5-265

5.18　制作印经面料

印经面料也称"经轴印花"面料，是一种在经丝上印花的面料。其特点是花型立体感强，而且随着观察角度的变化，颜色亦会变化，深浅不一，层层叠叠，与传统水墨画法中的"积墨"效果相似。

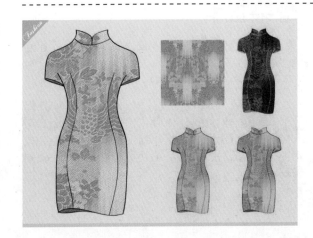

01 新建一个10厘米×10厘米、分辨率为300像素/英寸的RGB模式文件。将背景色设置为浅棕黄色（R231，G224，B207），按Ctrl+Delete快捷键填色。

打开素材，使用移动工具 ✛ 将其拖入"印经布料"文件中。按Ctrl+T快捷键显示定界框，拖曳控制点，将图形适当缩小，按Enter键进行确认，如图5-266所示。

图5-266

02 按住Alt键拖曳素材进行复制。按住Ctrl键依次单击"图层"面板中的所有素材图层，将其选取，单击工具选项栏中的 ⬌ 按钮和 ⬍ 按钮，将图形对齐，效果如图5-267所示。选择中间的图形，执行"编辑"|"变换"|"水平翻转"命令，创建镜像效果，如图5-268所示。

图5-267　　　　　图5-268

03 按住Ctrl键，单击"图层1"及其副本图层，将这3个图层选取，如图5-269所示，按Ctrl+E快捷键合并。将图层名称修改为"图层1"，如图5-270所示。

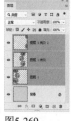 

图5-269　　　　图5-270

04 将前景色设置为浅棕色（R182，G150，B126），背景色仍为浅棕黄色。执行"滤镜"|"素描"|"半调图案"命令，打开滤镜库，添加网点图案，如图5-271和图5-272所示。

图5-271　　　　　　　图5-272

05 按Ctrl+J快捷键两次，复制出两个图层，如图5-273所示。选择"图层1"，执行"滤镜"|"模糊"|"动感模糊"命令，通过纵向模糊让图案产生晕染效果，如图5-274和图5-275所示。对"图层1 拷贝"也进行模糊，"距离"设置为120像素，如图5-276所示。按Shift+Ctrl+E快捷键合并图层。

 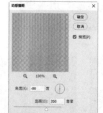

图5-273　　　　图5-274

图5-275　　　　　　　图5-276

06 执行"滤镜"|"纹理"|"纹理化"命令，添加布纹质感，如图5-277和图5-278所示。

图5-277　　　　　　　图5-278

5.19　制作蜡染面料

蜡染是用蜡刀蘸熔蜡在布上绘花，再以蓝靛浸染，去蜡后，布面就呈现出蓝底白花或白底蓝花图案。在浸染中，作为防染剂的蜡自然龟裂，还会使布面呈现特殊的"冰纹"。

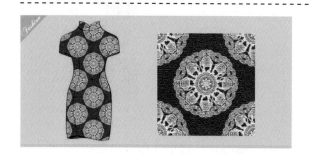

01 新建一个10厘米×10厘米、分辨率为72像素/英寸的RGB模式文件。将前景色设置为蓝色，如图5-279所示，按Alt+Delete快捷键填色，如图5-280所示。

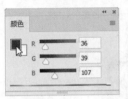

图5-279

图5-280

02 打开素材，如图5-281所示。这是一个分层文件，白色花纹位于一个单独的图层中，如图5-282所示。

图5-281

图5-282

03 使用移动工具 ♦ 将其拖入"蜡染布料"文件，生成"图层1"。在画面中，按住Alt键拖曳光标复制图形，如图5-283所示，排列成图5-284所示的形状。

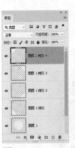

图5-283

图5-284

04 按Shift+Alt+Ctrl+E快捷键，将当前效果盖印到一个新的图层中。执行"滤镜"|"纹理"|"纹理化"命令，打开滤镜库，参数设置如图5-285所示，效果如图5-286所示。

图5-285

图5-286

5.20 制作扎染面料

扎染与蜡染、镂空印花并称为我国古代三大印花技艺。扎染是一种织物在染色时将部分扎结起来，使之不能着色的染色方法，被扎结部分保持原色，未被扎结部分均匀受染，从而形成深浅不均、层次丰富的色晕和皱印。本实例介绍这种面料的制作方法。

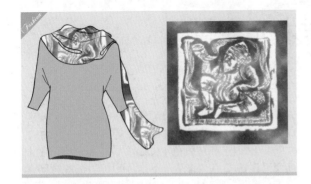

01 新建一个10厘米×10厘米、分辨率为150像素/英寸的RGB模式文件。设置前景色为蓝色（R24，G48，B116），背景色为白色。执行"滤镜"|"渲染"|"云彩"命令，效果如图5-287所示。打开素材，如图5-288所示。

图5-287

图5-288

02 将其拖入"扎染布料"文件中，适当调整大小，如图5-289所示。连按两次Ctrl+J快捷键进行复制，如图5-290所示。

图5-289

图5-290

03 单击"图层1"，执行"滤镜"|"模糊"|"动感模糊"命令，设置"角度"为45度，如图5-291所示，效果如图5-292所示。

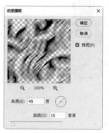

图5-291 　　　　图5-292

04 将该图层的混合模式设置为"正片叠底"，"不透明度"设置为50%，隐藏其他图层，查看效果，如图5-293和图5-294所示。

图5-293 　　　　图5-294

05 选择并显示"图层1 拷贝"，修改混合模式和"不透明度"，如图5-295所示。用"动感模糊"滤镜处理，设置模糊角度为−45度，"距离"参数不变，效果如图5-296所示。

06 选择并显示"图层1 拷贝2"，设置混合模式为"柔光"。执行"滤镜"|"画笔描边"|"喷溅"命令，在图案边缘生成喷溅的线条，如图5-297和图5-298所示。

图5-295 　　　　图5-296

图5-297 　　　　图5-298

07 单击"调整"面板中的 ■ 按钮，创建"渐变映射"调整图层，调整颜色，如图5-299和图5-300所示。

图5-299 　　　　图5-300

5.21　制作发光面料

本实例使用滤镜让像素结块，在渐变背景的映衬下产生发光效果，从而模拟发光面料。

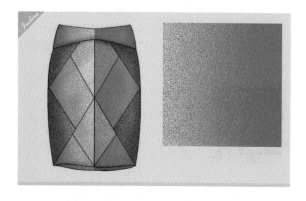

01 新建一个10厘米×10厘米、分辨率为150像素/英寸的RGB模式文件。设置前景色（R255，G205，B227）和背景色（R228，G0，B127）。选择渐变工具 ■，在"渐变"下拉面板中选择"前景色到背景色渐变"选项，如图5-301所示，拖曳光标填充渐变，如图5-302所示。

02 执行"滤镜"|"像素化"|"点状化"命令，让像素结块成为彩色杂点，并随机分布，在浅色渐变区域的衬托下，产生发光效果，如图5-303和图5-304所示。

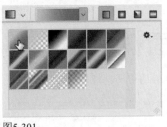
图5-301

图5-302

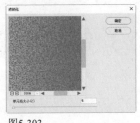
图5-303

图5-304

5.22 制作亮片装饰面料

本实例使用画笔工具绘制圆形亮片。通过对"颜色动态"的设定，让亮片颜色在前景色和背景色之间变化，之后通过曲线调整，增强亮度反差。

01 新建500像素×500像素、分辨率为72像素/英寸的RGB模式文件。选择画笔工具 ✐ 及"硬边圆"笔尖，设置"大小"为50像素，"间距"为100%，如图5-305所示。添加"颜色动态"属性，设置"前景/背景抖动"为100%，如图5-306所示。

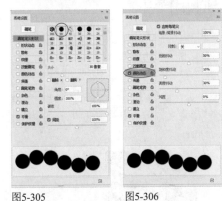

图5-305　　　　　图5-306

02 新建一个图层。在"色板"面板中拾取浅青色作为前景色，如图5-307所示。将光标放在画面左上角，单击，之后按住Shift键（可以锁定水平方向）向右拖曳，绘制一排圆点，如图5-308所示。

图5-307

图5-308

03 释放鼠标左键及Shift键。将光标放在下一行的起点处，单击并按住Shift键拖曳，绘制第二行圆点，如图5-309所示。用同样的方法绘制圆点，直至排满画面，如图5-310所示。

图5-309

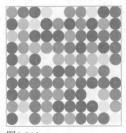
图5-310

04 单击"调整"面板中的 ▦ 按钮，创建"曲线"调整图层。将曲线向下拖曳，增强亮度反差，如图5-311和图5-312所示。

图5-311

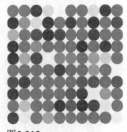
图5-312

5.23 制作柔软的天鹅绒面料

天鹅绒是秋装流行面料，采用高配以上的优质棉纱制成，面料质量较重，具有奢华的气质和丰富的纹理。

01 新建一个10厘米×10厘米、分辨率为150像素/英寸的RGB模式文件。将前景色设置为橙色，如图5-313所示。按Alt+Delete快捷键填色，如图5-314所示。

图5-313

图5-314

02 执行"滤镜"|"杂色"|"添加杂色"命令，打开"添加杂色"对话框，选中"高斯分布"单选按钮，采用沿钟形曲线分布的方式添加杂点，如

图5-315和图5-316所示。如果选中"平均分布"单选按钮，则会随机地在图像中加入杂点，效果比较柔和。

图5-315

图5-316

03 执行"滤镜"|"艺术效果"|"底纹效果"命令，设置参数如图5-317所示，制作出呈现柔和底纹效果的面料，如图5-318所示。

图5-317

图5-318

5.24 制作光滑的丝绸面料

丝绸面料色彩艳丽、光滑、垂顺，呈现幽雅的珍珠光泽，是一种昂贵的高档面料。本实例使用涂抹工具将图像素材处理为丝绸面料。该工具可以扭曲图像，让色彩产生融合，完美地展现丝绸效果。

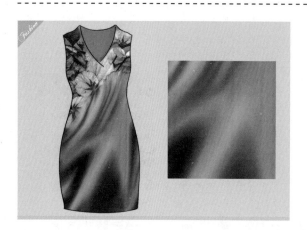

01 打开素材，如图5-319和图5-320所示。使用移动工具 ✛ 将花朵素材拖入衣服文件中，设置混合模式为"正片叠底"。

图5-319

图5-320

02 按Alt+Ctrl+G快捷键创建剪贴蒙版，将衣服轮廓以外的图像隐藏，如图5-321和图5-322所示。

图5-321

图5-322

图5-323

图5-324

图5-325

03 选择涂抹工具 ，在工具选项栏中设置工具"大小"为100像素，"强度"为80%。在花朵素材上涂抹，使颜色之间产生融合（衣服上部不做处理），如图5-323所示。

04 衣服下部有些深灰色，不太通透。另外花朵素材本身颜色较多，显得有些凌乱，需要统一颜色。单击"调整"面板中的 按钮，创建"色相/饱和度"调整图层，勾选"着色"复选框并调整参数，将面料调整为洋红色，如图5-324和图5-325所示。

05 设置该图层的混合模式为"变暗"，让下方图层（花朵素材）中的深色透出来，如图5-326和图5-327所示。

图5-326

图5-327

5.25 制作透明的蕾丝面料

本实例使用绘图工具绘制一个基本图形，之后将其定义为画笔笔尖，再通过画笔工具绘制成蕾丝纹样。

01 新建80像素×80像素、分辨率为120像素/英寸的RGB模式文件。创建两个图层。选择自定形状工具 及"像素"选项，在"形状"下拉面板中选择图5-328所示的两个图形，按住Shift键（锁定比例）拖曳光标绘制这两个图形，如图5-329所示。

02 按住Ctrl键单击"图层1"，将它与当前图层同时选取，如图5-330所示，按Ctrl+E快捷键合

并。执行"编辑"|"定义画笔预设"命令，将绘制的花纹定义为画笔笔尖，如图5-331所示。

图5-328

图5-329

图5-330

图5-331

03 打开素材。单击"路径"面板底部的 按钮，新建一个路径层。选择钢笔工具 ，在工具选项栏中选择"路径"选项，沿睡衣上方绘制出弧线，如图5-332和图5-333所示。

121

图5-332 　　　　　　　图5-333

04 新建一个图层，如图5-334所示。选择画笔工
具 🖌，此时会自动选取定义的笔尖，设置"大
小"为75像素，"间距"为75%，如图5-335所示。

图5-334 　　　　　　　图5-335

05 单击"色板"面板中的"浅紫洋红"色，将其
设置为前景色，如图5-336所示。单击"路径"
面板底部的 ◯ 按钮，用画笔描边路径。在"路径"面

板空白处单击，隐藏路径，效果如图5-337所示。

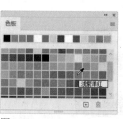

图5-336 　　　　　　　图5-337

06 在"画笔设置"面板中勾选"翻转Y"复选框，
让笔尖垂直翻转，如图5-338所示。按住Shift键，
在睡衣的底边绘制蕾丝花纹，效果如图5-339所示。

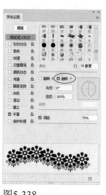

图5-338 　　　　　　　图5-339

5.26　制作轻薄的纱质面料

本实例使用烟雾素材制作纱质面料。烟雾轻薄、透明，与纱的特性和质感非常相似，在表现纱质面料方面
有着天然的优势。

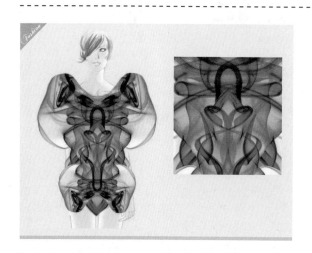

01 打开素材。使用移动工具 ✛ 将烟雾拖入人物
文档，如图5-340所示。按Ctrl+I快捷键，对
色彩进行反相处理，所有颜色都会转换为其补色，
如图5-341所示。

02 按Ctrl+U快捷键，打开"色相/饱和度"对话
框，勾选"着色"复选框，将烟雾调整为洋红
色，如图5-342和图5-343所示。

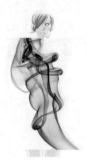

图5-340　　　　　图5-341

像，之后向右移动，如图5-346所示。设置图层的混合模式为"正片叠底"，如图5-347和图5-348所示。

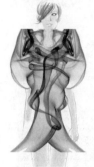

图5-346　　　　图5-347　　　　图5-348

图5-342　　　　　　图5-343

05 按Ctrl+E快捷键将当前图层与下方图层合并。单击"图层"面板底部的 ◻ 按钮，添加图层蒙版。使用画笔工具 ✎ 在裙摆处涂抹黑色，将烟雾隐藏，如图5-349和图5-350所示。

03 选择魔棒工具 ✎，按住Shift键在白色背景上单击，将烟雾的背景选取，如图5-344所示，按Delete键删除，按Ctrl+D快捷键取消选择，如图5-345所示。

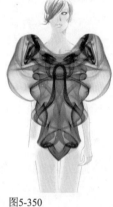

图5-349　　　　　　图5-350

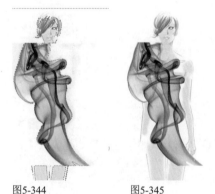

图5-344　　　　　图5-345

06 按Ctrl+J快捷键复制当前图层。按Ctrl+T快捷键显示定界框，右击，弹出快捷菜单，执行"垂直翻转"命令，翻转图像，再将其调小，如图5-351所示。在定界框外单击进行确认，如图5-352所示。

技巧

使用魔棒工具 ✎，以及椭圆选框工具 ◯、套索工具 ◯、多边形套索工具 ◿、磁性套索工具 ◿、快速选择工具 ◿ 时，按住Shift键单击，可以在现有选区的基础上添加新的选区；按住Alt键单击，可在当前选区中减去新创建的选区；按Shift+Alt快捷键单击，可得到与当前选区相交的选区。

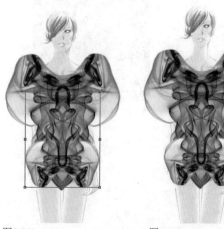

04 按Ctrl+J快捷键复制当前图层。执行"编辑"|"变换"|"水平翻转"命令，翻转图

图5-351　　　　　图5-352

5.27 制作厚重的粗呢面料

粗呢又叫"粗花呢"，是原产于苏格兰的一种精致斜纹织物，具有防皱耐磨、高雅挺括、舒适保暖等特点。本实例使用矩形工具和铅笔工具绘制类似像素画一样的色块图形，再将其定义为图案，并以图层样式的方法应用，制作成粗呢面料。

04 新建10厘米×10厘米、分辨率为72像素/英寸的RGB模式文件。按Ctrl+J快捷键复制"背景"图层。双击复制后的图层，打开"图层样式"对话框，添加"图案叠加"效果，在"图案"下拉面板中选择新创建的图层，设置"缩放"参数为7%，如图5-357和图5-358所示。

图5-357　　　　　　图5-358

01 新建一个6厘米×6厘米、分辨率为100像素/英寸的RGB模式文件。执行"编辑"|"首选项"|"参考线、网格和切片"命令，打开"首选项"对话框，选择虚线网格，设置"网格线间隔"为10毫米，"子网格"为4，如图5-353所示。

图5-353

技巧

通过"图案叠加"的方式填充图案，可以对图案进行缩放，而且调整起来更为方便，只需在"图案"下拉面板中选择其他图案即可。如果事先将图层填充了颜色，再添加"图案叠加"效果，混合模式的设置则可以使图案效果变得更丰富。

02 执行"视图"|"显示"|"网格"命令显示网格，如图5-354所示。在网格的辅助下，用矩形工具 ▢ 和铅笔工具 ✏（方头）绘制类似像素画一样的色块图形，如图5-355所示。

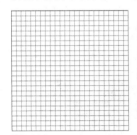

图5-354　　　　　　图5-355

05 按Ctrl+E快捷键合并图层。执行"滤镜"|"杂色"|"添加杂色"命令，添加杂点，以表现面料质感，如图5-359和图5-360所示。

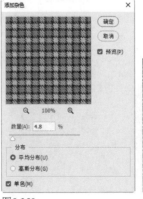

03 按Ctrl+A快捷键全选，执行"编辑"|"定义图案"命令，将绘制的图形定义为图案，如图5-356所示。

图5-356

图5-359　　　　　　图5-360

5.28 制作粗糙的棉麻面料

棉麻面料质地柔软、环保健康、舒适度高，符合都市白领放松、休闲的生活态度。本实例使用滤镜表现棉麻纤维效果，并通过混合模式将横向、纵向纤维叠加在一起。

01 新建一个800像素×600像素、分辨率为72像素/英寸的RGB模式文件。将前景色设置为土黄色（R171，G132，B78），如图5-361所示，背景色设置为浅黄色（R234，G226，B214）。执行"滤镜"|"渲染"|"纤维"命令，设置参数如图5-362所示。该滤镜使用前景色和背景色生成随机的编织纤维效果，如图5-363所示。

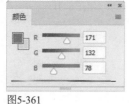

图5-361

图5-362

图5-363

02 按Ctrl+J快捷键复制"背景"图层。按Ctrl+T快捷键显示定界框，将光标放在定界框右上角，按住Shift键拖曳光标，将图像旋转90°，如图5-364所示；在定界框侧面的控制点上按住Shift键拖曳光标，将图像拉长，使其填满整个画布，如图5-365所示。

03 设置图层的混合模式为"正片叠底"，将横向、纵向纤维叠加在一起，表现经线和纬线纺织效果，如图5-366和图5-367所示。

图5-364

图5-365

图5-366

图5-367

04 单击"调整"面板中的 按钮，创建一个"色相/饱和度"调整图层，将颜色调淡，如图5-368和图5-369所示。

图5-368

图5-369

05 选择"图层1"。执行"滤镜"|"杂色"|"添加杂色"命令，添加杂色，丰富纹理细节，如图5-370和图5-371所示。

图5-370

图5-371

第6章 服饰配件

6.1 绘制水晶鞋

本实例制作时尚厚底高跟女式凉鞋。鞋子的灵感来自于南极的海上冰山，海为宁静的蓝色，山川覆盖着冰雪，在阳光、碧水的映照下绚烂夺目。穿上这样一款水晶鞋，会给炎热的夏季带来清爽的凉意。本实例是一个运用了Photoshop绘图功能+绘画功能+图层样式+滤镜的综合练习，重点是用图层样式表现鞋子的光感，叠加"点状化"滤镜制作的彩色颗粒，表现璀璨的水晶质感。

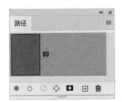

01 新建一个21厘米×29.7厘米、分辨率为150像素/英寸的RGB模式文件。分别单击"路径"面板和"图层"面板底部的 ⊞ 按钮，新建名称为"脚"的路径层和图层，如图6-1和图6-2所示。

图6-1   图6-2

02 选择钢笔工具 ∅ ，在工具选项栏中选择"路径"选项，绘制脚部路径，如图6-3所示。将前景色设置为粉色（R246，G209，B203），单击"路径"面板底部的 ● 按钮，用前景色填充路

径，如图6-4所示。

图6-3   图6-4

03 在"路径"面板空白处单击，隐藏路径。单击"图层"面板顶部的 ▦ 按钮，将图层的透明区域锁定，如图6-5所示。使用画笔工具 ✐ （"柔边圆"笔尖）绘制脚的明暗结构，如图6-6所示。

图6-5   图6-6

04 分别单击"路径"面板和"图层"面板底部的 ⊞ 按钮，新建"鞋底"路径层和图层，如图6-7和图6-8所示。使用钢笔工具 ∅ 绘制鞋底路径，如图6-9所示。按Ctrl+Enter快捷键将路径转换为选区，如图6-10所示。

图6-7

图6-8

图6-9

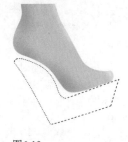

图6-10

05 选择渐变工具 ▣ ，单击工具选项栏中的渐变颜色条 ▬▬ ，打开"渐变编辑器"对话框，修改渐变颜色，如图6-11所示。在选区内沿倾斜方向拖曳光标填充渐变，如图6-12所示。

图6-11

图6-12

06 选择画笔工具 ✐ 及"柔边圆（已修改）"笔尖，设置"大小"为50像素，如图6-13所示。将前景色设置为白色，在鞋底边缘涂抹，如图6-14所示。按Ctrl+D快捷键取消选择。

图6-13

图6-14

07 使用钢笔工具 ✐ 绘制鞋底的另一面，如图6-15所示。将前景色设置为蓝色（R52，G137，B189），单击"路径"面板底部的 ● 按钮，用前景色填充路径，如图6-16所示。

图6-15

图6-16

08 单击"路径"面板底部的 ⊞ 按钮，新建一个名称为"鞋面"的路径层。绘制鞋面，如图6-17和图6-18所示。

图6-17

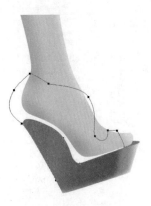

图6-18

09 绘制内部孔洞区域的路径，如图6-19所示。在工具选项栏中选择"□减去顶层形状"选项，如图6-20所示，实现路径的挖空效果。

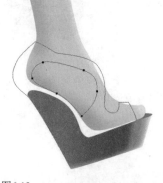

图6-19

图6-20

10 在"图层"面板中新建名称为"鞋面"的图层。单击"路径"面板底部的 ● 按钮，用前景色（白色）填充路径，如图6-21所示。在"路径"面板空白处单击，隐藏路径，如图6-22所示。

图6-21　　　　　　　　　图6-22

11 双击"鞋面"图层，打开"图层样式"对话框，添加"描边"效果，将描边"颜色"设置为蓝色，如图6-23和图6-24所示。

图6-23　　　　　　　　　图6-24

12 单击左侧列表中的"内发光"效果，将发光颜色设置为蓝色，使鞋面产生明暗变化的立体效果，如图6-25和图6-26所示。

图6-25　　　　　　　　　图6-26

13 按住Ctrl键单击"鞋面"图层的缩览图，载入鞋面选区，如图6-27和图6-28所示。

图6-27　　　　　　　　　图6-28

14 新建一个名称为"明暗"的图层，如图6-29所示。使用画笔工具在鞋面边缘涂抹蓝色，如图6-30所示。

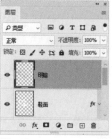

图6-29　　　　　　　　　图6-30

15 新建一个名称为"水晶效果"的图层，如图6-31所示。将前景色设置为白色，按Alt+Delete快捷键填充白色，按Ctrl+D快捷键取消选择，效果如图6-32所示。

图6-31　　　　　　　　　图6-32

16 执行"滤镜"|"像素化"|"点状化"命令，添加随机的彩色网点，参数设置如图6-33所示，效果如图6-34所示。

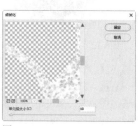

图6-33　　　　　　　　　图6-34

17 设置该图层的混合模式为"划分"，效果如图6-35所示。再重复使用4次"点状化"滤镜，强化彩点，生成璀璨的水晶质感，如图6-36所示。

图6-35　　　　　　　　　图6-36

6.2 绘制腰带

本实例制作一款优雅的绿色腰带，带扣为金色的树叶。腰带是一种束于腰间或身体之上，起固定衣服和装饰美化作用的饰品，好的设计可以起到提升气质、画龙点睛的作用。

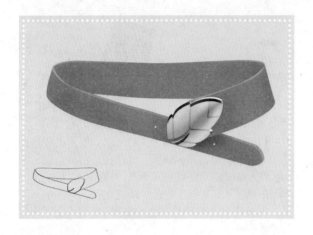

01 新建29.7厘米×21厘米、分辨率为150像素/英寸的RGB模式文件。单击"路径"面板底部的 ⊞ 按钮，新建一个路径层。选择钢笔工具 ✎，在工具选项栏中选择"路径"选项，绘制腰带，如图6-37和图6-38所示。

图6-37　　　　　　　图6-38

02 新建一个图层。将前景色设置为浅绿色（R123，G203，B165）。使用路径选择工具 ▶ 单击左侧的路径，将其选取，单击"路径"面板底部的 ● 按钮，用前景色填充所选路径区域，如图6-39所示。用同样的方法选取其余两个路径，分别新建图层并填充颜色，如图6-40所示（腰带由3部分组成，每一部分都位于一个单独的图层中，便于调整明暗效果）。

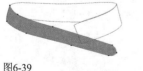

图6-39　　　　　　　图6-40

03 分别选取每个图层，单击"图层"面板顶部的 ▩ 按钮锁定透明区域。接着绘制腰带的厚度。选择"图层1"，按住Ctrl键单击其缩览图，如图6-41所示，载

入选区。选择矩形选框工具 ⬚，将光标放在选区内，向下拖曳，将选区向下移动一些，如图6-42所示。

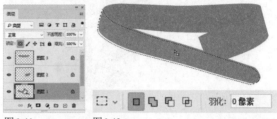

图6-41　　　　　　　图6-42

04 按Shift+Ctrl+I快捷键反选。将前景色设置为白色。选择画笔工具 ✎（"不透明度"为50%），贴着腰带的选区边线绘制白色线条，表现腰带的厚度，如图6-43所示。用同样的方法表现腰带其他两个部分的厚度，如图6-44所示。

图6-43　　　　　　　图6-44

05 选择加深工具 ⚲，在腰带的暗部区域拖曳光标涂抹，如图6-45所示。选择自定形状工具 ⬠，在工具选项栏中选择"像素"选项。在"形状"下拉面板中选择"叶子1"形状，如图6-46所示。将前景色设置为浅黄色。新建一个图层，绘制腰带扣，如图6-47所示。用加深工具 ⚲ 和减淡工具 ◍ 表现明暗，制作扣眼，效果如图6-48所示。

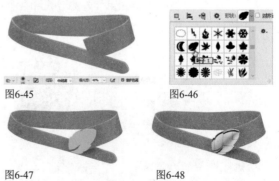

图6-45　　　　　　　图6-46

图6-47　　　　　　　图6-48

6.3 绘制领带

本实例制作一条商务领带。其面料网点图案是用"半调图案"滤镜制作的。深浅不同的蓝色网点增添了领带的时尚感，简约中略有变化，庄重又不失雅致。

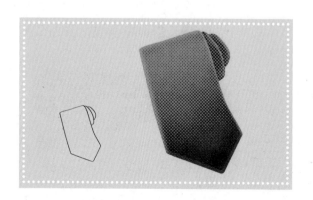

图6-55

图6-56

01 新建21厘米×29.7厘米、分辨率为150像素/英寸的RGB模式文件。单击"路径"面板底部的 ⊞ 按钮，新建路径层。选择钢笔工具 ⬢，在工具选项栏中选择"路径"选项，绘制领带轮廓，如图6-49和图6-50所示。使用路径选择工具 ▶ 选取图6-51所示的路径。

04 单击"路径1"，如图6-57所示。使用路径选择工具 ▶ 单击图6-58所示的路径，将其选取。按X键切换前景色与背景色。单击"路径"面板底部的 ● 按钮，用前景色（蓝色）填充路径，如图6-59所示。再使用一次"半调图案"滤镜（参数不变），效果如图6-60所示。

图6-49　　　　图6-50　　　　图6-51

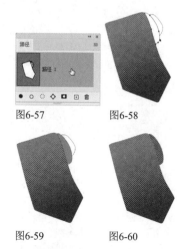

图6-57　　　　图6-58

02 按Ctrl+Enter快捷键将路径转换为选区，如图6-52所示。新建一个图层。设置前景色为深蓝色（R38，G52，B115），背景色为蓝色（R54，G201，B213）。选择渐变工具 ▮ 及"前景色到背景色渐变"选项，如图6-53所示，由下向上拖曳光标填充线性渐变，按Ctrl+D快捷键取消选择，如图6-54所示。

图6-59　　　　图6-60

05 用同样的方法为另一路径也填充相同的颜色，如图6-61所示。在"图层1"上方新建一个图层，设置混合模式为"柔光"，按Alt+Ctrl+G快捷键创建剪贴蒙版，如图6-62所示。

图6-52　　　　图6-53　　　　图6-54

03 执行"滤镜"|"素描"|"半调图案"命令，打开滤镜库，制作网点图案，如图6-55和图6-56所示。

图6-61

图6-62

06 使用画笔工具 ✐ 在领带的暗部涂抹黑色，在高光区域涂抹白色，通过这种方法表现明暗和领带的厚度，如图6-63所示。分别在"图层2"与"图层3"上方新建图层，并创建剪贴蒙版，绘制出领带不同位置的明暗效果，如图6-64和图6-65所示。

图6-63　　　　　图6-64　　　　　图6-65

6.4 绘制棒球帽

本实例使用两个技巧制作棒球帽。第一个是在"柔光"模式的图层中绘制黑色和白色，用这种方法影响下面图层中色块的明暗，进而表现帽子的立体感。这种方法与使用中性色图层改变色调的原理相同。第二个是利用"划分"混合模式让金属图案与颜色融合，生成类似毛毡状的絮状纹理。

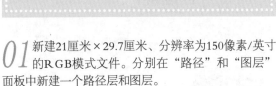

01 新建21厘米×29.7厘米、分辨率为150像素/英寸的RGB模式文件。分别在"路径"和"图层"面板中新建一个路径层和图层。

02 选择钢笔工具 ✐ 及"路径"选项，绘制帽子轮廓，如图6-66~图6-68所示。将前景色设置为蓝色（R124，G201，B210）。使用路径选择工具 ▶ 选取帽顶路径，单击"路径"面板底部的 ● 按钮，用前景色填充路径，如图6-69所示。

图6-66　　　　　图6-67

图6-68　　　　　图6-69

03 将前景色调整为浅蓝色，填充其他路径，如图6-70和图6-71所示。

图6-70　　　　　图6-71

04 打开素材，如图6-72所示。使用移动工具 ✛ 将其拖入帽子文档中，如图6-73所示。

图6-72　　　　　图6-73

05 按Ctrl+T快捷键显示定界框，将光标放在定界框外，拖曳光标旋转文字，如图6-74所示。右击，弹出快捷菜单，执行"变形"命令，显示变形网格，如图6-75所示。拖曳锚点扭曲文字，使图案符合帽子的形状，如图6-76所示。按Enter键确认，如图6-77所示。

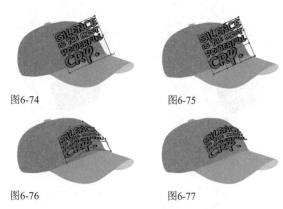

图6-74　　　　　　图6-75

图6-76　　　　　　图6-77

06 按Alt+Ctrl+G快捷键创建剪贴蒙版，将文字的显示范围控制在帽子内部，如图6-78和图6-79所示。

图6-78　　　　　　图6-79

07 用钢笔工具 ✎ 在帽子上绘制一条路径，如图6-80所示。选择画笔工具 ✏（"柔边圆"笔尖，2像素）。将前景色设置为深蓝色，单击"路径"面板底部的 ○ 按钮，描边路径，如图6-81所示。

图6-80　　　　　　图6-81

08 设置画笔的"大小"为150像素，"不透明度"为50%。新建一个图层，设置混合模式为"柔光"，"不透明度"为60%，按Alt+Ctrl+G快捷键将其加入剪贴蒙版组中，如图6-82所示。用黑色绘制帽子的暗部区域，用白色表现亮部区域，如图6-83所示。

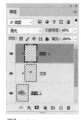

图6-82　　　　　　图6-83

09 新建一个图层，按Alt+Ctrl+G快捷键加入剪贴蒙版组。选择油漆桶工具 ◇，在工具选项栏中选择"图案"选项。打开"图案"面板菜单，执行"旧版图案及其他"命令，加载图案库，选择"金属画"图案，

如图6-84所示，在帽子上单击，填充该图案，如图6-85所示。

图6-84　　　　　　图6-85

10 设置图层的混合模式为"划分"，"不透明度"为22%，让图案混合到下面图层的颜色中，得到类似于毛毡状的絮状纹理。将该图层拖曳到"文字"图层下方，如图6-86和图6-87所示。

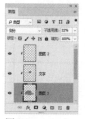

图6-86　　　　　　图6-87

11 新建一个图层。将前景色设置为粉色。选择椭圆工具 ○ 及"像素"选项。按住Shift键拖曳光标，绘制圆形，如图6-88所示。双击该图层，打开"图层样式"对话框，在左侧列表中单击选择"斜面和浮雕"效果，设置参数，如图6-89所示。在左侧列表中选择"投影"效果，并设置参数，如图6-90所示，制作出有立体感的徽章。将文字素材拖到徽章上，调整大小，制作成图6-91所示的效果。

图6-88　　　　　　图6-89

图6-90　　　　　　图6-91

6.5 绘制皮草披肩

本实例制作一件款式精致的皮草披肩。皮毛效果用"沙丘草"笔尖来表现，通过调整"形状动态"和"散布"参数让毛发分散开。皮毛颜色为紫色，以体现高贵、神秘的寓意和贵族气息。为了让毛色的深浅呈现变化效果，还需调整"形状动态"参数。

图6-94

图6-95

01 新建21厘米×29.7厘米、分辨率为96像素/英寸的RGB模式文件。选择画笔工具 。首先来设置一款可以绘制出皮毛效果的笔尖。在"画笔设置"面板中选择"沙丘草"笔尖，设置参数，如图6-92~图6-95所示。

02 将前景色设置为紫色（R145，G12，B120），背景色设置为深紫色（R22，G15，B22）。新建一个图层。先用画笔工具 绘制出皮草轮廓，如图6-96所示，再将其中填满，如图6-97所示，之后用橡皮擦工具 （"柔边圆"笔尖，30像素）将边缘修得整齐一些，如图6-98所示。

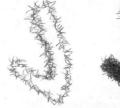
图6-96

图6-97

图6-98

03 在当前图层下方新建一个图层。选择多边形套索工具 ，在工具选项栏中设置"羽化"为1像素，沿披肩轮廓单击创建选区。按Ctrl+Delete快捷键填充背景色，如图6-99所示。按住Ctrl键单击"图层1"，按Alt+Ctrl+E快捷键盖印。执行"编辑"|"变换"|"水平翻转"命令翻转图像。使用移动工具 将其向右移动，如图6-100所示。用同样的方法制作披肩后面的部分，颜色略深，如图6-101所示。

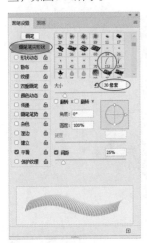
图6-92

图6-93

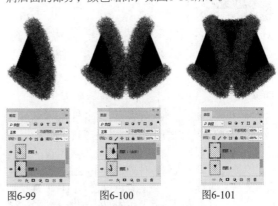
图6-99

图6-100

图6-101

6.6 绘制珍珠

珍珠产自珍珠贝类和珠母贝类软体动物体内，是一种古老的有机宝石，也可入药和食用。珍珠色泽温润细腻，自然形态优美。迎着光线看，可以看到七彩虹光，层次丰富变幻，以及如金属质感的球面。本实例使用渐变工具和绘画工具绘制珍珠。

01 新建21厘米×29.7厘米、分辨率为300像素/英寸的RGB模式文件。选择椭圆工具 ○ ，在工具选项栏中选择"形状"选项，在画布上单击，弹出"创建椭圆"对话框，设置参数，创建一个圆形，如图6-102和图6-103所示。

图6-102　　　　　　图6-103

02 将这个圆形的填充内容设置为"径向"渐变，无描边，如图6-104和图6-105所示。

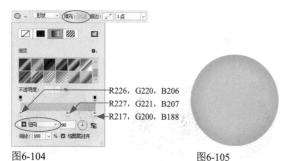

R226, G220, B206
R227, G221, B207
R217, G200, B188

图6-104　　　　　　图6-105

03 新建一个图层，按Shift+Ctrl+G快捷键，将其与下方的形状图层创建为剪贴蒙版版组，如图6-106所示。这样可以将接下来的绘画效果限定在珍珠内部，就是说，即使画到珍珠外边也不要紧，因为会被蒙版剪贴（即隐藏）。将前景色设置为白色，选择画笔工具 ✎ 及"柔边圆"笔尖，如图6-107所示，绘制珍

珠上的高光区域，如图6-108和图6-109所示。

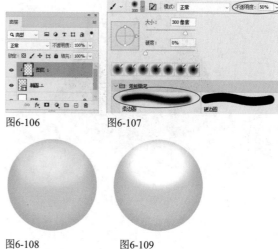

图6-106　　　　　　图6-107

图6-108　　　　　　图6-109

04 新建一个图层。按Shift+Ctrl+G快捷键加入剪贴蒙版组。调整前景色，如图6-110所示。画出明暗交界线，如图6-111所示。按0键，将画笔的"不透明度"调整为100%，画出最深的颜色，如图6-112所示。在工具选项栏中将"不透明度"调整为2%，在高光外侧描绘一圈过渡颜色，如图6-113所示。

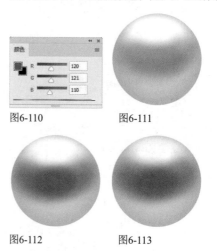

图6-110　　　　　　图6-111

图6-112　　　　　　图6-113

05 新建一个图层，按Shift+Ctrl+G快捷键，将其加入剪贴蒙版组中。调整前景色，如图6-114所示。在明暗交界线下方绘制颜色，如图6-115所示。

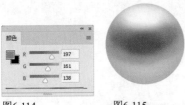

图6-114　　　　　图6-115

06 新建一个图层，按Shift+Ctrl+G快捷键加入剪
贴蒙版组，如图6-116所示。调整前景色，如
图6-117所示，在珍珠最下方的边界处绘制颜色，如
图6-118所示。

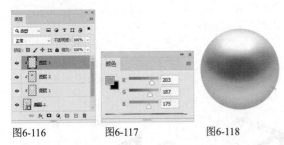

图6-116　　　　图6-117　　　　图6-118

07 新建一个图层，按Shift+Ctrl+G快捷键加入剪
贴蒙版组。将前景色设置为白色。按 [键和] 键，
将笔尖调整到合适大小，绘制珍珠上的高光点。珍珠
是一种温润的珠宝，它的表面虽然光滑，但接收光线
以后产生的是漫反射，因此即使是最亮的高光点，也
不会生成刺眼的反射光，所以要控制纯白色的范围不

要过大，如图6-119和图6-120所示。

图6-119　　　　　图6-120

08 新建一个图层，按Shift+Ctrl+G快捷键加入剪贴
蒙版组。将前景色设置为铅灰色，工具的"不
透明度"设置为3%，在珍珠边界涂抹，罩上一层淡
淡的铅色。将前景色设置为白色，将高光区域扩大一
些，如图6-121所示。

09 在"背景"图层上方创建一个图层。使用灰色
绘制投影，如图6-122所示。如果投影形状没画
好，可以用橡皮擦工具 ✐ 修改一下。

图6-121　　　　　图6-122

6.7　制作时装眼镜

本实例制作一款彩色条纹边框眼镜。镜框颜色为粉、黄、白相间，充分体现了与众不同的个性魅力和年轻
时尚的潮流趋势。在技巧方面，主要使用剪贴蒙版和图层样式。

图6-123

01 新建一个29.7厘米×21厘米、分辨率为150像素/
英寸的RGB模式文件。选择钢笔工具 ✐ 及"形
状"选项，绘制眼镜。所绘制的路径会出现在形状图

层上，如图6-123和图6-124所示。

图6-123　　　　　图6-124

02 绘制镜片，如图6-125所示。在工具选项栏中选
择"□减去顶层形状"选项，生成挖空效果，
如图6-126和图6-127所示。绘制另一侧镜片，如图
6-128所示。

图6-125　　　　　　　图6-126

图6-127　　　　　　　图6-128

03 在工具选项栏中选择"新建图层"选项，绘制左侧眼镜腿，它会位于一个新的形状图层（形状2）中。再选择"合并形状"选项，绘制另一侧眼镜腿，如图6-129所示，这样这两个眼镜腿就都位于"形状2"图层中。将该图层拖曳到"形状1"图层的下方，如图6-130所示。

图6-129　　　　　　　图6-130

04 新建一个图层。选择渐变工具 ▣，单击"对称渐变"按钮 ▣，在"渐变"下拉面板中选择"透明彩虹渐变"选项，如图6-131所示。按住Shift键拖曳光标填充渐变，如图6-132所示。

图6-131　　　　　　　图6-132

05 选择移动工具 ✛，按住Alt键向下拖曳渐变条纹，进行复制，如图6-133和图6-134所示。

图6-133　　　　　　　图6-134

06 按住Shift键单击"图层1"，通过这种方法将所有的彩虹渐变图层同时选取，如图6-135所示，

按Ctrl+E快捷键合并，之后修改名称为"条纹"，如图6-136所示。

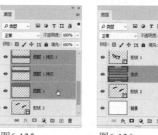

图6-135　　　　　　　图6-136

07 按Alt+Ctrl+G快捷键创建剪贴蒙版，让彩虹渐变只在眼镜腿内部显示。按Ctrl+T快捷键显示定界框，拖曳控制点旋转渐变，使条纹与眼镜腿的方向一致，如图6-137所示。新建一个图层，填充粉色，设置混合模式为"变亮"，从而改变条纹颜色，如图6-138所示。

图6-137　　　　　　　图6-138

08 按住Ctrl键单击"条纹"图层，将其与"颜色"图层同时选取，按住Alt键向上拖曳进行复制（到达"形状1"图层上方时放开鼠标左键）。按住Alt+Ctrl+G快捷键创建剪贴蒙版，如图6-139所示。按Ctrl+T快捷键显示定界框，拖曳控制点调整条纹角度，如图6-140所示。操作完成后按Enter键进行确认。

图6-139　　　　　　　图6-140

09 双击"形状1"图层，打开"图层样式"对话框，添加"斜面和浮雕"效果，如图6-141所示。在左侧列表中选择"描边"效果，在"填充类型"下拉列表中选择"渐变"选项，单击 按钮，打开"渐变"下拉面板，选择"橙黄橙渐变"选项，如图6-142和图6-143所示。关闭对话框。

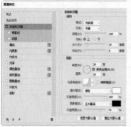

图6-141　　　　图6-142

图6-143

10 按住Alt键，将"形状1"图层右侧的 *fx* 图标拖曳给"形状2"图层，如图6-144所示，为该图层复制相同的效果，如图6-145所示。

图6-144　　　　图6-145

11 在"形状1"图层的下方新建一个图层，如图6-146所示。选择魔棒工具 ✦，按住Shift键在眼镜片上单击，将两个镜片选取，使用渐变工具 ▥ 填充线性渐变，如图6-147所示。按Ctrl+D快捷键取消选择。

图6-146　　　　图6-147

12 新建一个图层。使用椭圆选框工具 ◯ 在镜片处创建选区，如图6-148所示。按住Alt键再创建一个选区，如图6-149所示，释放鼠标左键后两个选区会进行相减运算，得到一个月牙状选区，如图6-150所示。

图6-148　　　图6-149　　　图6-150

13 填充白色，使之成为镜片的高光。降低图层的"不透明度"，如图6-151所示。使用移动工具 ✛ 按住Alt键拖曳高光，将其复制到另一个眼镜片上，如图6-152所示。

图6-151　　　　图6-152

14 新建一个图层。按Alt+Shift+[快捷键将其移至"背景"图层上方，如图6-153所示。调整前景色，如图6-154所示。选择画笔工具 ✐ 及"柔边圆"笔尖，调整"角度"和"圆度"，将笔尖调扁且与眼镜的倾斜角度一致，如图6-155所示。绘制眼镜投影，如图6-156所示。该图层上方有一个填充了粉色的"变亮"模式图层，因此，投影也会受到其影响。这样投影中既有眼镜片的紫色反光，也混合了眼镜框的颜色（粉色），效果就更加真实。

图6-153　　　　图6-154

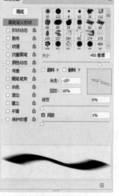 

图6-155　　　　图6-156

15 按数字键2，将工具的"不透明度"设置为20%。调整笔尖参数，如图6-157所示，在眼镜腿下方绘制投影，如图6-158所示。

图6-157　　　　图6-158

6.8 制作皮革质感女士钱包

本实例制作女士钱包，颜色为桃红色系，代表甜美、温柔和纯真。图案为斑马纹理，并有压印文字。

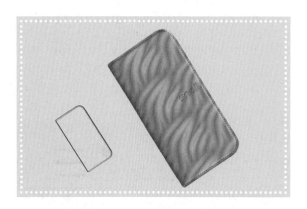

图6-162   图6-163

01 新建21厘米×29.7厘米、分辨率为150像素/英寸的RGB模式文件。新建路径层，选择钢笔工具 ⌀ 及"路径"选项，绘制钱包，如图6-159所示。

02 按Ctrl+Enter键将路径转换为选区。新建一个图层。选择渐变工具 ▒ ，单击工具选项栏中的 ▒ 按钮，打开"渐变编辑器"对话框设置渐变颜色，在选区内填充线性渐变，如图6-160所示。按Ctrl+D快捷键取消选择。

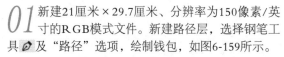

图6-164   图6-165

图6-159   图6-160

03 双击该图层，打开"图层样式"对话框，添加"斜面和浮雕"及"图案叠加"效果（使用"斑马"图案），如图6-161~图6-163所示。

04 使用钢笔工具 ⌀ 绘制钱包的缝纫线，如图6-164所示。选择画笔工具 ✎ 及"柔边圆"笔尖，设置参数，如图6-165和图6-166所示。新建一个图层。将前景色设置为深红色，单击"路径"面板底部的 ○ 按钮，用画笔描边路径，如图6-167所示。

图6-166   图6-167

05 选择横排文字工具 **T** ，在画面中输入文字。按Ctrl+A快捷键选取文字，在"字符"面板中设置字体及大小，如图6-168所示。

06 双击文字图层，打开"图层样式"对话框，添加"内阴影"效果，如图6-169所示。将文字图层的"填充"设置为0%，以隐藏文字内容，只显示其添加的

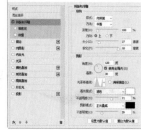

图6-161

效果，这样可以使文字看上去像是压印在钱包上，如图6-170所示。

图6-168

图6-169

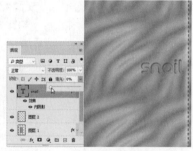

图6-170

6.9 制作铂金耳环

本实例制作铂金耳环。耳环造型为抽象的鱼形，体现了高尚的生活品位。铂金色泽干净、晶莹，有着天然纯白的光泽，能更好地表现永恒不变的特质。表现铂金质感时需要使用W形等高线，以刻画光泽轮廓。

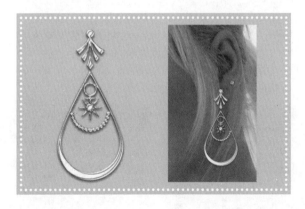

01 新建一个7厘米×14厘米、分辨率为150像素/英寸的RGB模式文件。

02 新建一个图层。调整前景色，如图6-171所示。选择自定形状工具 及"形状"选项，打开"形状"下拉面板，选取并绘制图6-172所示的图形（按住Shift键操作可保持图形比例不变）。

图6-171

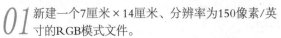

图6-172

03 按Ctrl+T快捷键显示定界框，在定界框外按住Shift键拖曳，将图形旋转90°，如图6-173和图6-164所示。

图6-173　　　图6-174

04 按Enter键确认。绘制雨滴状图形，如图6-175所示。按住Ctrl键单击该形状图层的缩览图，加载选区，如图6-176所示。

图6-175

图6-176

05 执行"选择"|"变换选区"命令，显示定界框，如图6-177所示，按住Shift+Alt快捷键拖曳右上角的控制点，以参考点为基准将选区向内收缩，如图6-178所示，按几下↑键，将选区向上移动一点，如图6-179所示。按Enter键确认，如图6-180所示。

图6-177

图6-178

图6-179

图6-180

139

06 按住Alt键单击"图层"面板底部的 ▢ 按钮，创建一个反相蒙版，将选区内的图形隐藏，如图6-181所示。

图6-181

07 新建一个图层。选择椭圆工具 ○ 及"形状"选项，设置描边颜色（R62，G33，B74），"描边"宽度为8点。单击 ✓ 按钮打开下拉面板，选择虚线描边，单击"更多选项"按钮，弹出对话框后修改虚线图形的间距（"间隙"为1.1），如图6-182所示。按住Shift键拖曳光标，创建一个用虚线描边的圆形，如图6-183所示。注意要将圆点与雨滴轮廓的位置对齐，如图6-184所示。使用多边形套索工具 ⊠ 将多余的圆点选取（即图6-184所示两个箭头上方的圆点），如图6-185所示。按住Alt键单击"图层"面板底部的 ▢ 按钮，通过蒙版将选中的圆点隐藏，如图6-186所示。

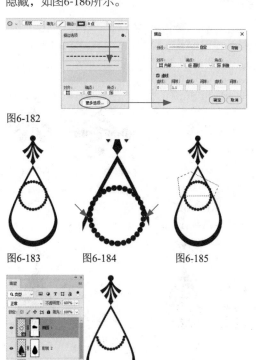

图6-182

图6-183　　图6-184　　图6-185

图6-186

08 新建一个图层。选择自定形状工具 ✿，在工具选项栏中设置填充颜色（R62，G33，B74），无描边。创建图6-187所示的图形。在其下方绘制图6-188所示的图形。

09 按住Shift键单击"形状1"图层，将这几个图层选取，如图6-189所示，按Ctrl+G快捷键编入一个图层组中，如图6-190所示。双击该图层组，如图6-191所示，打开"图层样式"对话框。

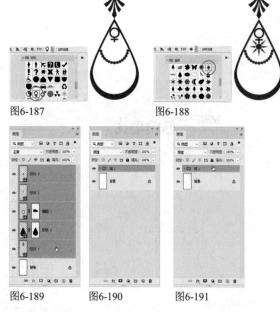

图6-187　　　　　　　　图6-188

图6-189　　　　图6-190　　　　图6-191

10 分别添加"斜面和浮雕""内阴影""内发光""光泽""投影"效果，如图6-192～图6-196所示，制作出白金质感的特效，如图6-197所示。添加"光泽"效果时，需要单击"等高线"缩览图，打开"等高线编辑器"对话框，将等高线调整为W形。"光泽"效果可以生成光滑的内部阴影，适合模拟光滑度和反射度较高的金属表面、瓷砖表面等。等高线的用处是可以改变光泽的形状。

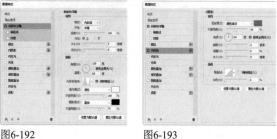

图6-192　　　　　　　　图6-193

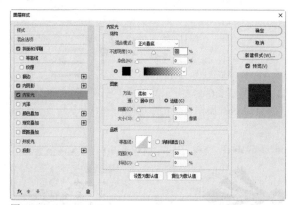

图6-194

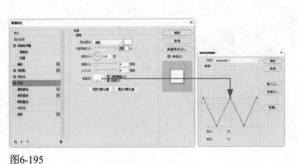

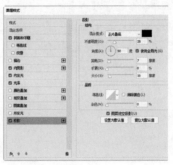

图6-195

图6-196

图6-197

6.10 制作钻石胸针

胸针是女性常用的装饰品之一，质地多为银制或白金，镶以钻石或其他宝石，将其别在衣襟上，彰显自己的品位与气质。本实例制作嵌满钻石的华丽胸针。钻石采用的是将图像定义为笔尖，再用画笔工具绘制的方法表现出来。

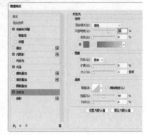

图6-199

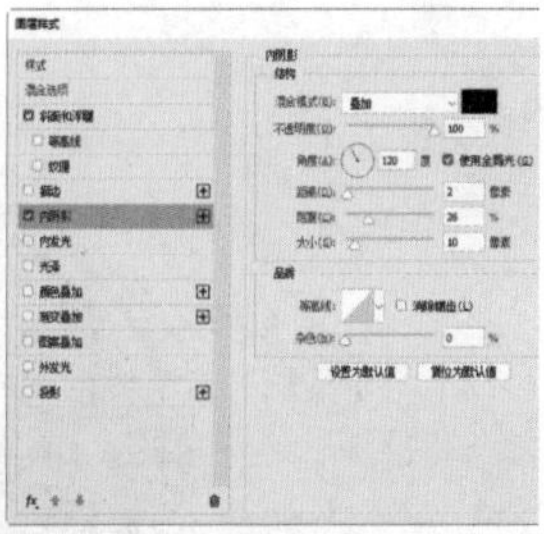

图6-200

图6-201

图6-202

01 新建一个图层。将前景色设置为粉色（R255，G157，B162）。选择自定形状工具 及 "像素"选项。在"形状"下拉面板中选择图形，按住Shift键拖曳光标绘制图形，如图6-198所示。

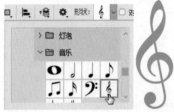

图6-198

02 双击"图层1"，打开"图层样式"对话框，添加"斜面和浮雕""内阴影""光泽""外发光""投影"效果，如图6-199~图6-204所示。

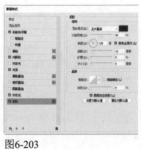

图6-203

图6-204

03 打开素材，如图6-205所示。执行"编辑"|"定义画笔预设"命令，将其定义为画笔。将前景色设置为白色。新建一个图层。选择画笔工具 ✐ 及新定义的笔尖，在胸针上绘制钻石，如图6-206所示。

图6-205　　　　　　　　图6-206

6.11　制作金镶玉项链

2008年北京奥运会奖牌采用金镶玉式样，创意十分新颖。本实例也借用"金玉良缘"这个吉祥的寓意，制作沙金项链，并在镂空处镶嵌祖母绿翡翠。这两种材质的差别主要体现在颜色（金黄玉翠）、质感（金硬玉软）和纹理（金清晰玉柔润）方面，效果制作也将围绕这3个关键点展开。需要说明的是，制作沙金纹理时会用到"云彩"滤镜，由于其随机性较强，因此，每个人制作的纹理有差别也在所难免。

图6-209　　　　　　　　图6-210

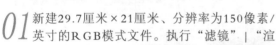

01 新建29.7厘米×21厘米、分辨率为150像素/英寸的RGB模式文件。执行"滤镜"|"渲染"|"云彩"命令，生成云彩纹理，如图6-207所示。执行"滤镜"|"渲染"|"分层云彩"命令，增强细节，如图6-208所示。

图6-207　　　　图6-208

02 下面来为纹理着色。单击"调整"面板中的 ▦ 按钮，创建"渐变映射"调整图层。单击"属性"面板中的 按钮，如图6-209所示，打开"渐变编辑器"对话框，调整渐变颜色，如图6-210和图6-211所示。按Ctrl+E快捷键，将调整图层与下方的图层合并，如图6-212所示。执行"编辑"|"定义图案"命令，将云彩纹理定义为图案。按Ctrl+Delete快捷键，将背景填充为白色。

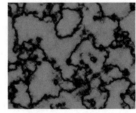 

图6-211　　　　　　　　图6-212

03 新建一个图层。选择自定形状工具 ✿，在工具选项栏中选择"像素"选项，在"形状"下拉面板中选择图6-213所示的形状，按住Shift键拖曳光标绘制图形，如图6-214所示。

04 双击该图层，打开"图层样式"对话框，添加"颜色叠加"效果（颜色为R152，G100，B0），如图6-215所示。添加"图案叠加"效果，单击 ▸ 按钮，打开下拉面板，选择前面定义的"云彩纹理"图案并设置参数，如图6-216所示。

图6-213　　　　　　　图6-214

图6-215　　　　　　　图6-216

05 添加"斜面和浮雕"效果，调整"等高线"和
"纹理"（在"图案"下拉面板中选择"云彩
纹理"图案），表现出金属的质感、纹理与光泽，如
图6-217~图6-220所示。

图6-217　　　　　　　图6-218

图6-219　　　　　　　图6-220

06 添加"内阴影"效果，在等高线缩览图上单击，
打开"等高线编辑器"对话框，在等高线上单击
添加控制点，之后拖曳控制点，如图6-221所示。

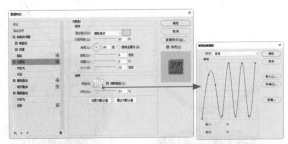

图6-221

07 继续添加"内发光"效果，如图6-222和图6-223
所示。

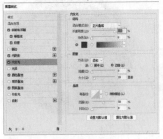

图6-222　　　　　　　图6-223

08 下面制作翡翠玉石。选择魔棒工具，在工具
选项栏中设置"容差"为30，按住Shift键单击图
形中白色的区域，将其选取，如图6-224所示。新建一
个图层。将前景色设置为绿色（R70，G237，B28），
按Alt+Delete快捷键填色。按Ctrl+D快捷键取消选择，
如图6-225所示。

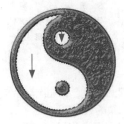

图6-224　　　　　　　图6-225

09 双击该图层，打开"图层样式"对话框，添加
"斜面和浮雕"（调整"等高线"）"内阴
影""内发光"效果，如图6-226~图6-229所示。

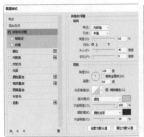
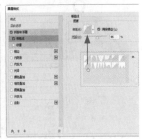

图6-226　　　　　　　图6-227

图6-228　　　　　　　图6-229

10 下面在效果中加入云絮状纹理，让玉石的质感
更加真实。添加"图案叠加"效果，使用其中

的"云彩"图案，如图6-230和图6-231所示。

图6-230　　　　　　　　图6-231

11 打开"样式"面板。单击面板底部的 ⊞ 按钮，弹出"新建样式"对话框，为样式命名，如图6-232所示，单击"确定"按钮，将翡翠玉石效果保存到"样式"面板中，如图6-233所示。制作下一个实例时会用到它。

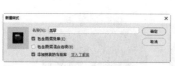
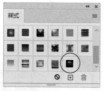

图6-232　　　　　　　　图6-233

12 使用自定形状工具 ✿ 创建圆环图形，如图6-234所示。将光标放在"图层1"的效果图标 *fx* 上，右击，弹出快捷菜单，执行"拷贝图层样式"命令，如图6-235所示，复制效果。在圆环所在的形状图层上右击，弹出快捷菜单，执行"粘贴图层样式"命令，如图6-236所示，为圆环粘贴效果。

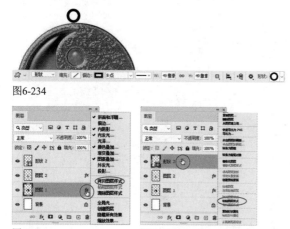

图6-234

图6-235　　　　　　　　图6-236

13 选择钢笔工具 ⌀ 及"路径"选项，绘制项链，如图6-237所示。选择画笔工具 ✐ 并设置参数，如图6-238所示。在"图层1"下方新建一个图层。单击"路径"面板底部的 ○ 按钮描边路径，如图6-239所示。在该图层上右击，弹出快捷菜单，执行"粘贴图层样式"命令，如图6-240和图6-241所示。

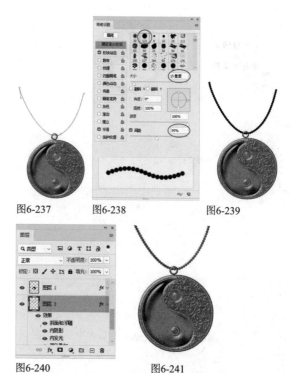

图6-237　　　　图6-238　　　　图6-239

图6-240　　　　　　　　图6-241

14 单击圆环所在的形状图层，单击"图层"面板底部的 ▣ 按钮添加蒙版，如图6-242所示。将前景色设置为黑色。用画笔工具 ✐ 在项链与圆环嵌套的位置单击，通过蒙版将此处的圆环遮盖住，让项链显示出来，将项链穿过圆环的效果表现出来。图6-243所示为之前的效果，图6-244所示为修改后的效果，图6-245所示为整体效果。

图6-242　　　　　　　　图6-243

图6-244　　　　　　　　图6-245

6.12 制作翡翠戒指

本实例制作一款典雅的翡翠戒指。祖母绿宝石镶嵌在晶莹的钻石中，风格简洁、经典，而不失大气。

01 将前景色设置为浅灰色（R236，G232，B238）。新建一个图层，选取椭圆工具 ○ 及"像素"选项，绘制椭圆形，如图6-246所示。

图6-246

02 双击该图层，在打开的"图层样式"对话框中添加"斜面和浮雕""内发光""图案叠加""投影"效果，如图6-247~图6-252所示。

图6-247　　　　图6-248

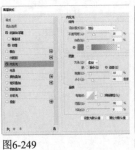

图6-249　　　　图6-250

图6-251　　　　　　　　图6-252

03 新建一个图层（"图层2"），在戒指两边绘制两个灰色的椭圆形，如图6-253所示。按住Alt键，将"图层1"右侧的 fx 图标拖曳到"图层2"，为它复制图层样式，如图6-254和图6-255所示。

图6-253　　　　图6-254　　　　图6-255

04 新建一个图层。将前景色设置为绿色（R70，G237，B28），用椭圆工具 ○ 绘制椭圆形，如图6-256所示。单击"样式"面板中的"翡翠"样式，如图6-257所示（这是前面制作项链实例时保存的样式），将其应用到当前图层，效果如图6-258所示。

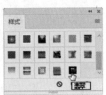

图6-256　　　　图6-257

图6-258

第7章 时装画的风格

7.1 时装画的人体比例关系

时装画是以绘画为手段，通过艺术处理来体现服装设计的造型和整体风格。其核心是人物形象，只有正确把握人体的比例和结构，才能创作出好的设计作品。

7.1.1 女性人体比例

一般情况下，正常的人体身高在7~7.5个头长，而在时装绘画中，人体的身高可达8~10个头长。图7-1所示为真实女性人体（左）与时装画人体（右）比例的差异。由此可见，时装画是一种出于审美需要而适度夸张的艺术，为了更好地展现服装的特点，人物模特的形体被理想化了。

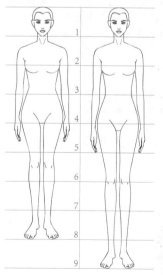

图7-1

女性人体的基本特征是：骨架、骨节比男性小，脂肪发达，体形丰满，外轮廓线呈圆润柔顺的弧线。女性头部及前额外形较圆，颈部细长。腰部两侧向内

收，且具有柔顺的曲线特征。乳房凸起，呈圆锥形。臀部丰满低垂。另外，女性人体较男性人体窄，手和脚也较小。如图7-2所示。

7.1.2 男性人体比例

男性人体的基本特征是：骨架、骨骼较大，肌肉发达突出，外轮廓线垂直，头部骨骼方正、突出，前额方而平直，颈粗。肩宽一般为两个头长多一些。胸腔呈明显的倒梯形，胸部肌肉丰满而平实，两乳间距为一个头长。腰部两侧的外轮廓线短而平直，腰部宽度略大于一个头长。盆腔较狭窄，手和脚较女性偏大。整个躯干为倒梯形。如图7-3所示。

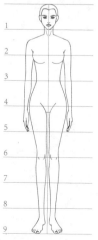

图7-2

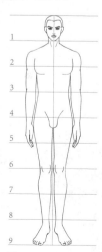

图7-3

提示 *Point*

列奥纳多·达·芬奇根据古罗马建筑师维特鲁威的比例学说，亲手绘制出"维特鲁威人"这一完美的人体。其尺寸安排为：4指为一掌，4掌为一足，6掌为一腕尺，4腕尺为一人的身高，4腕尺又为一跨步，24掌为全身总长。如果叉开双腿，使身高降低1/14，分别举起双臂使中指指尖与头齐平，连接身体伸展四肢的末端，组成一个外接圆，肚脐恰好在整个圆的圆心处。两腿之间的空间构成一个等边三角形。

 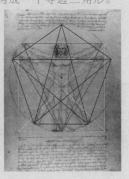

7.1.3 儿童比例

小孩子的成长时期大致分为5个阶段，即婴儿期、幼儿期、少儿期、少年期和青少年期。

婴儿期（小于1岁）的特点是身高为3.5~4个头长，头大身小，体胖腿短。

幼儿期（1~3岁）身高与体重增长较快，身高为75~100厘米，4~4.5个头长。其体型特点是头大、颈短、肩窄、四肢短、凸肚，头、胸、腰和臀的体积大致相同。整个体型仍然很胖，但比婴儿时期腿略长一些。

少儿期（4~6岁）身高为5~5.5个头长。肩部开始发育，下半身长得较快，如图7-4所示。

少年期（7~12岁）身高为115~145厘米，5.5~6个头长，如图7-5所示。在这个时期，腿和手臂都变长，肩、胸、腰、臀已经逐渐起了变化。男童的肩比女童的肩宽；女童的腰比男童的腰细，且身高普遍高于男童。此外，由于原有的婴儿脂肪逐渐消失，从而显露出膝、肘等部位的骨骼，以及其他成人人体的特点。

青少年期（13~17岁）体型已逐步发育完善，男孩子的身高为7~8个头长，女孩子为6.5~7个头长。尤其是到了高中以后，在身材比例上已趋于成年人，骨骼上的变化亦很明显。

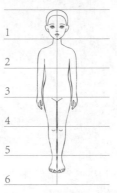 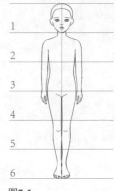

图7-4　　　　图7-5

7.1.4 五官的基本比例

五官的比例为"三庭五眼"，如图7-6~图7-8所示。"三庭"即发际线到眉毛最上端、眉毛到鼻底、鼻底到下巴分为三等份。"五眼"是指一只耳朵到另一只耳朵的距离大概相当于五只眼睛的长度。

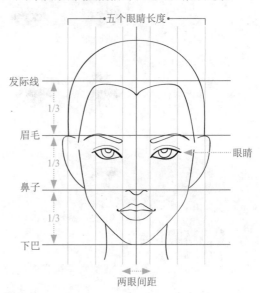

图7-6

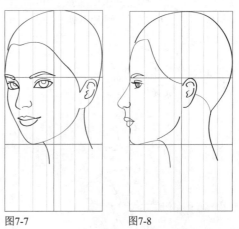

图7-7　　　　图7-8

7.1.5 眼睛和眉毛

在服装设计中，模特的眼睛与眉毛的画法搭配能够体现设计师的风格，表现人物的精神情感。

眼睛的主要结构包括眼眶、眼睑、眼球等。眉毛分为两部分，眉头方向朝上，眉梢方向朝下，如图7-9所示。眼睛的形状稍有变化、眉毛粗细的轻微差异，都会产生截然不同的表情。眼睛部分的化妆也能对不同的服装风格起到呼应或对比作用。

图7-9

7.1.6 鼻子和耳朵

绘制时装画时，鼻子和耳朵常常是被省略的部位，即使绘出，也往往是最小限度地表现出来。表现鼻梁部位的线条应当只出现在一侧，如图7-10所示。耳朵只需确定其位置和大小，同时不要忘记画出耳垂，如图7-11所示。

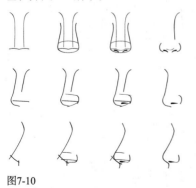

图7-10

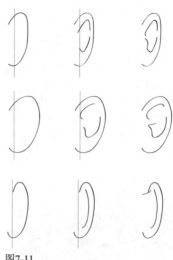

图7-11

7.1.7 嘴

嘴的结构由上嘴唇、下嘴唇、唇裂线、嘴角、牙齿等构成。上嘴唇呈M形，下嘴唇呈W形，图7-12所示为嘴唇不同角度的变化。男性嘴偏宽，女性嘴则偏丰厚。

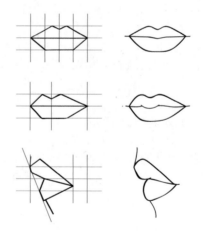

图7-12

嘴唇可以反映内心情感。例如，微张的嘴唇透露出性感，嘴角下撇代表着忧郁，嘴角上扬象征着喜悦，紧闭双唇则折射出愤怒，如图7-13所示。

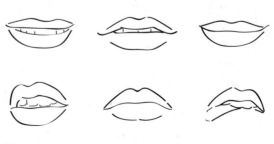

图7-13

7.1.8 发型变化

发型和脸型的合理搭配是时装画整体风格和整体样式的重要决定因素。发型可以为画面营造强烈的个人氛围，例如，刘海具有简洁的特点；脸庞周围出现一些锯齿形的碎发，可以使发型显得飘逸和动感。此外，发型也会随着流行趋势变化。例如，20世纪初吉布森女郎发型大为流行，20世纪30年代流行BOBO头，20世纪50年代流行娃娃头，如图7-14所示。图7-15所示为当前常见的发型样式。

吉布森女郎发型　　BOBO头　　娃娃头
图7-14

图7-15

7.1.9 手的形态

"画人容易画手难"。手主要包括手指、手掌、手腕等部位。手的结构复杂，骨骼与肌肉数量较多，加之在透视中的变形，容易出现比身体其他部位更多的形态，使绘画表现具有一定的难度，如图7-16所示。绘画时可以将手进行几何化处理，简化为几个块

面，手掌是一个不规则的梯形，手指可以处理为一节一节的圆柱体，关节处以球体表现。

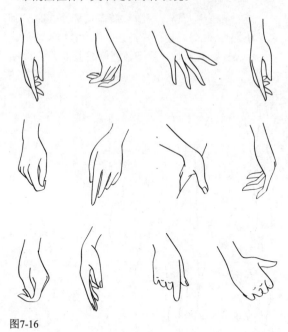

图7-16

7.1.10 手臂的形态

手臂位于身体的侧面，与时装的边线、剪影和立体轮廓关系密切，也是凸显模特姿势、造型的重要部位。时装画中的手臂、骨骼和肌肉会被拉长和简化，进行理想化的处理，如图7-17所示。

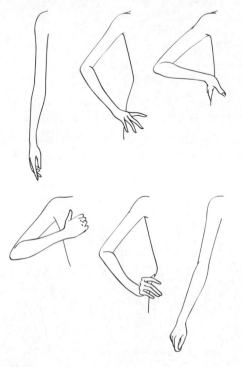

图7-17

7.1.11 腿

腿的结构由大腿、小腿和膝盖构成。在时装画中，为了使人物身材显得修长，往往有意拉长腿部，尤其是小腿。画腿时，还要注意腿的形状及弧度曲线，既要姿态优美，又要有一定的准确性，如图7-18所示。

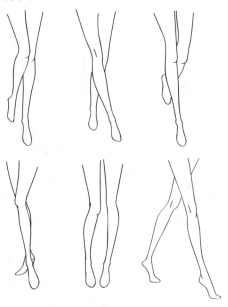

图7-18

腿部的动作能引起身体姿势的变化。腿也是支撑全身最有力的一个部位，因此，表现腿的线条要有力量感。

7.1.12 脚

在时装画中，很少出现赤脚的模特，脚往往以鞋的造型体现出来。例如，穿上平底鞋后，脚背、脚趾和脚后跟呈一条直线；穿高跟鞋时，脚后跟、脚背和脚趾的动作幅度会变大。虽然穿上鞋后，脚的形状会随着鞋的形状而改变，但在画鞋时仍需了解脚的结构，如图7-19所示。

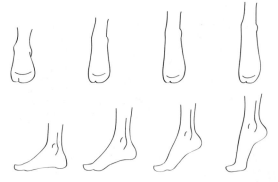

图7-19

技巧

大腿（以臀底线到膝盖）短于小腿（膝盖到脚踝），可以产生比例完美的腿部线条。脚踝（腿和脚的过渡点）可以表现优美的姿态。

7.1.13 姿态

人体骨骼细微倾斜后可以展现出各种各样的姿势。例如，人体在直立状态下，肩膀会随着脊椎的倾斜而倾斜，而当改变单脚的重心位置时，骨盆也会有所倾斜。

在绘制姿势草图时，可首先在躯干上画一条主动作线，然后在肩膀、腰部和胯部绘出3条动作线，如图7-20所示，从而创建肩线、腰围线和臀围线。动作线在造型中起到营造动感、帮助实现身体平衡的作用。例如，在人物模型中，臀部较高一侧的肩膀就应该低一点；较低的肩膀与较高的臀部以及支撑腿一起，才能保持人体平稳站立。

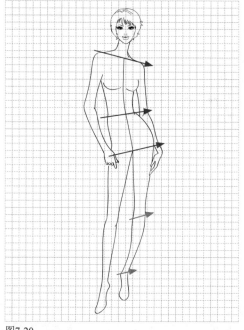

图7-20

对模特的姿势进行适当的夸张处理，可以增强画面的表现力，如图7-21所示。人体的连接点和关节可以弯曲或伸展，进行夸张处理。其中，脖子是头部和躯干的连接点，它是引起姿势变化的一个重要部位。肩膀可以耸起或放下，而两个肩点的倾斜关系是夸张手法中最常用到的。腰部可以使人体躯干扭转，还可以使人摆出前倾、扭腰或后仰的姿态。

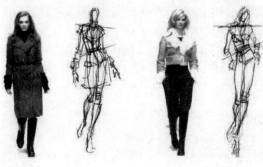

图7-21

7.2 写实风格——中式旗袍

写实风格具有极强的真实感，因而要求对人体造型、脸部特征、面料肌理，以及服装细节（包括印花图案、衣纹衣褶、光影效果）等进行真实的再现。但时装画也不能追求完全的写实，而是应该局部写实，即重点部分详细描绘，非重点部分适当简化表现，这样更能体现时装画的美感、风格和韵味。

图7-22

制作要点：

本实例是在已有线稿的基础上进行创作的。操作时，需要先用魔棒工具选取不同的区域，再扩展选区，然后进行填色，以保证颜色与轮廓线之间不会出现空隙。另外还要为旗袍专门设计两款纹样，并分别定义为画笔和图案，再以绘画和填充的方式使用。表现画面明暗时，还会用到加深和减淡工具。本实例涉及的技法较多，从中可以学到服装款式设计和表现的各种典型方法。

7.2.1 绘制底稿

01 打开素材，如图7-22所示。这是一个PSD格式的分层文件，"线稿"图层是人物轮廓的线稿，为防止在绘制色彩时弄错图层，该图层已锁定，如图7-23所示。

图7-23

02 按住Ctrl键单击"图层"面板底部的 ⊡ 按钮，在"线稿"图层下方新建一个图层，修改名称为"衣服1"，如图7-24所示。选择魔棒工具 ⚲，在工具选项栏中选择"对所有图层取样"选项，按住Shift键在衣服区域单击，将衣服选取，如图7-25所示。

图7-24　　　　　　图7-25

03 执行"选择"|"修改"|"扩展"命令，将选区向外扩展1像素，如图7-26所示。将前景色设置为红色（R207，G0，B12），按Alt+Delete快捷键填色，如图7-27所示。按Ctrl+D快捷键取消选择。

图7-26　　　　　　　　　　图7-27

04 新建一个名称为"衣服2"的图层。使用魔棒工具 ⚲ 选择衣领。执行"扩展"命令将选区向外扩展1像素。按Alt+Delete快捷键填充红色，如图7-28和图7-29所示。

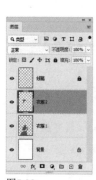

图7-28　　　　　　图7-29

05 用同样的方法为旗袍的镶边和盘扣填充颜色（R248，G188，B202）。扇子框为黑色，人物的皮肤填充皮肤色（R253，G233，B217），如图7-30和图7-31所示。

图7-30　　　　　　图7-31

7.2.2　定义画笔和图案

01 按Ctrl+N快捷键打开"新建文档"对话框，创建一个透明背景的文档，如图7-32所示。将前景色设置为黑色，使用画笔工具 ✎（"硬边圆"笔尖，3像素）绘制一些随意的线条，如图7-33所示。

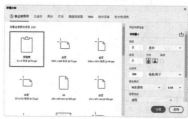

图7-32　　　　　　　　　　图7-33

02 执行"编辑"|"定义画笔预设"命令，在对话框中输入画笔名称"丝"，如图7-34所示，将线条定义为画笔笔尖。将该文件关闭，不用保存。

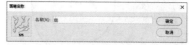

图7-34

03 再创建一个5厘米×5厘米、300像素/英寸、白色背景的文件。分别单击"图层"面板和"路径"面板底部的 ⊡ 按钮，新建名称为"线"的图层和路径层，如图7-35和图7-36所示。

图7-35　　　　　　图7-36

04 使用钢笔工具 ✐ 绘制一段螺旋形路径，如图7-37所示。将前景色设置为深紫色（R56，G7，B94）。选择画笔工具 ✐ 及"硬边圆"笔尖，调整"大小"为3像素，单击"路径"面板底部的 ○ 按钮，用画笔描边路径，在面板空白处单击以隐藏路径，效果如图7-38所示。使用画笔工具 ✐（"硬边圆"笔尖，3像素）沿描边线条绘制手绘效果，如图7-39所示。

图7-37　　　　　图7-38　　　　　图7-39

05 将前景色调整为蓝色（R0，G173，B230）。绘制线条中间区域，使颜色和线条呈现变化，如图7-40所示。按住Ctrl键单击"图层"面板底部的 ⊞ 按钮，在"线"图层下方创建一个名称为"颜色"的图层。将前景色设置为橙色（R230，G92，B0），按Alt+Delete快捷键填色，如图7-41所示。

图7-40　　　　　　图7-41

06 将前景色设置为红色（R210，G4，B20）。选择画笔工具 ✐，打开"画笔"下拉面板菜单，执行"旧版画笔"命令，加载该画笔库。展开"旧版画笔" | "默认画笔"列表，选择"粉笔23像素"笔尖，如图7-42所示，绘制粗笔触效果，在其间点缀蓝色，如图7-43所示。

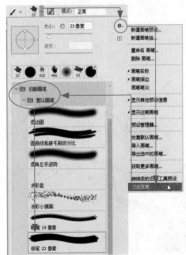

图7-42　　　　　　图7-43

07 按Alt+Ctrl+C快捷键打开"画布大小"对话框，扩展画布区域，如图7-44和图7-45所示。

图7-44　　　　　　图7-45

08 按Ctrl+E快捷键，将"线"和"颜色"图层合并，如图7-46所示。打开"视图" | "显示"菜单，看一下"智能参考线"命令前方是否有"√"标记，如果没有，就单击该命令，启用智能参考线。按住Alt键并连续拖曳图层进行复制，借助智能参考线对齐各个花朵，如图7-47所示。

图7-46　　　　　　图7-47

09 连续按Ctrl+E快捷键，向下合并这几个图层，如图7-48所示。再补充绘制一些花纹，如图7-49所示。

图7-48　　　　　　图7-49

10 使用裁剪工具 ◫ 按照原来的尺寸裁剪文件，如图7-50所示。执行"编辑" | "定义图案"命令，打开"图案名称"对话框，输入图案名称，如图7-51所示，按Enter键，将图像定义为图案。

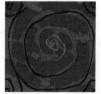

图7-50　　　　图7-51

7.2.3　表现旗袍的图案与光泽

01 切换到旗袍文档。在"衣服1"图层上方新建一个图层。按Alt+Ctrl+G快捷键创建剪贴蒙版，如图7-52所示。将前景色设置为白色。选择画笔工具 ，及前面定义的"丝"画笔笔尖，在衣服上绘制随意的线条纹理，如图7-53所示。

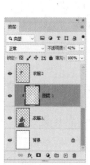

图7-52　　　　　　　图7-53

02 双击"衣服2"图层，打开"图层样式"对话框，添加"图案叠加"效果，使用自定义的图案并设置参数，如图7-54和图7-55所示。

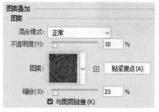

图7-54　　　　　　　图7-55

03 执行"图层"|"图层样式"|"创建图层"命令，将图层样式从图层中剥离出来（存放在新的图层中）。选择分离出来的图层，如图7-56所示，按Ctrl+E快捷键向下合并，如图7-57所示。

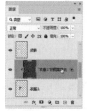
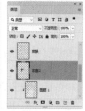

图7-56　　　　图7-57

04 选择"衣服1"图层，在其上方新建图层，它会自动加入剪贴蒙版组中，设置其混合模式为"正片叠底"，如图7-58所示。选择画笔工具 ，在工具选项栏中设置"不透明度"为30%，笔尖大小可在绘制时根据衣服的褶皱进行调整，用黑色绘制衣服的暗部区域，如图7-59所示。新建一个图层，用白色绘制亮部区域，如图7-60和图7-61所示。

图7-58　　　　　　　图7-59

图7-60　　　　　　　图7-61

05 用同样的方法表现衣领和皮肤的明暗并分别加入"衣服2"和"皮肤"剪贴蒙版组中（制作剪贴蒙版的快捷键是Alt+Ctrl+G），如图7-62~图7-65所示。

图7-62　　　　　　　图7-63

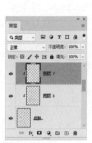

图7-64　　　　　　图7-65

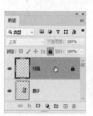

图7-70　　　　　　图7-71

06 单击"线稿"图层，使用魔棒工具 🖊 选择头发。执行"选择"|"修改"|"扩展"命令，将选区向外扩展1像素，效果如图7-66所示。新建一个图层，绘制头发和头饰，如图7-67所示。

图7-66　　　　　　图7-67

7.2.4 制作扇子

01 打开素材，如图7-68所示。使用移动工具 ✛ 将其拖入旗袍文档。按Ctrl+T快捷键显示定界框，右击，弹出快捷菜单，执行"扭曲"命令，之后拖曳控制点对图像进行扭曲，以符合扇子的透视，如图7-69所示。按Enter键确认。

图7-68　　　　　　图7-69

02 选择魔棒工具 🖊 ，在工具选项栏中取消"对所有图层取样"选项的选取。单击"线稿"图层，如图7-70所示。在扇子的内圈区域单击，将其选取，如图7-71所示。选择"扇子"图层，单击"图层"面板底部的 ◙ 按钮，基于选区创建图层蒙版，将多余的图像隐藏，如图7-72和图7-73所示。

图7-72　　　　　　图7-73

03 将前景色设置为白色。选择渐变工具 ▨ ，在工具选项栏中单击"径向渐变"按钮 ◙ ，在"渐变"下拉面板中选择"前景色到透明渐变"选项，如图7-74所示。新建一个图层，设置混合模式为"滤色"，按Alt+Ctrl+G快捷键创建剪贴蒙版，如图7-75所示。在扇子左上方填充径向渐变，如图7-76所示。

图7-74　　　　　　图7-75

渐变起点

图7-76

155

7.3 写意风格——职业装

写意风格来源于中国的"写意画"，善于表现意境。写意风格的时装画要求构图明快，用笔洒脱，造型简洁、概括而富于神韵。这需要一定的绘画基础和审美积淀。因为娴熟地运用写意风格表现绘画需要经过长期的速写练习，对所描绘对象的结构也要非常了解，这样落笔才能高度概括，表达出设计重点。

制作要点:

本实例主要使用"大油彩蜡笔"笔尖为服装着色，使用橡皮擦工具修正图像边缘，擦出衣服亮部。通过"液化"滤镜对色块进行涂抹，表现笔触效果。使用"强化的边缘""纹理化"滤镜表现上衣的质感。手提包的图案则用到了图层样式。

7.3.1 修饰线稿与绘制重色区域

01 打开素材，如图7-77所示。这是一个PSD格式的分层文件，"线稿"图层中包含的是人物轮廓的线描图。"路径"面板中有人物的"轮廓"路径和"线稿"路径，如图7-78和图7-79所示。这两个路径记录了从大轮廓到确定线稿的两个过程，仅供参考。

图7-77　　　　　图7-78　　　　　图7-79

02 单击"图层"面板中的"线稿"图层，执行"滤镜"|"纹理"|"纹理化"命令，打开滤镜库，设置参数，如图7-80所示。

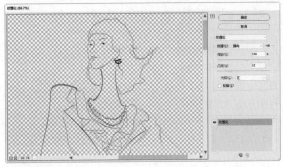

图7-80

03 按Ctrl+J快捷键复制图层，得到"线稿 拷贝"图层。使用画笔工具 ✐ （"硬边圆"笔尖，2像素）将该图层中断开的线连接起来，使各个部分成为封闭的区域，以方便填色，如图7-81和图7-82所示。

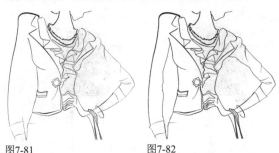

图7-81　　　　　　　图7-82

04 上色时，往往会将颜色填在线稿上，给修改带来麻烦，上色之前最好先将线稿所在的图层锁定，以避免这样的事情发生。分别单击这两个线稿图层及"图层"面板顶部的 🔒 按钮，将其各自锁定，如图7-83和图7-84所示。

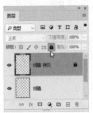

图7-83　　　　　　　图7-84

05 在"背景"图层上方新建名称为"黑色"的图层，如图7-85所示。选择魔棒工具 ✐ ，在工具选项栏中选择"对所有图层取样"选项，在裙子区域单击，创建选区，如图7-86所示。

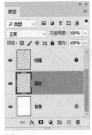
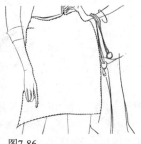

图7-85　　　　　　　图7-86

06 执行"选择"｜"修改"｜"扩展"命令，扩展选区范围，如图7-87和图7-88所示。

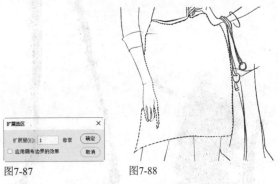

图7-87　　　　　　　图7-88

07 选择画笔工具 ✐ ，在"画笔设置"面板中选择"大油彩蜡笔"笔尖，调整"角度"及"大小"，如图7-89所示。在选区内绘制裙子的暗部颜色，如图7-90所示。

图7-89　　　　　　　图7-90

08 选择橡皮擦工具 ✐ ，也使用"大油彩蜡笔"笔尖，将"不透明度"设置为50%，擦除黑色边缘，如图7-91所示。

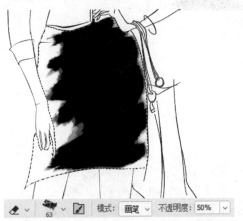

图7-91

09 选择魔棒工具 ✐ ，按住Shift键在手和腿部单击，创建选区。执行"选择"｜"修改"｜"扩展"命令，将选区向外扩展1像素。调整画笔大小，绘制手和腿部的暗部色，如图7-92和图7-93所示。

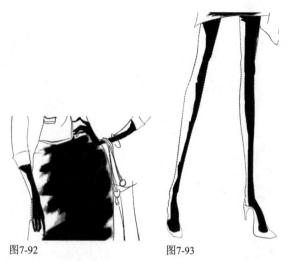

图7-92   图7-93

10 选择橡皮擦工具 ✐，设置工具的"不透明度"为100%，擦除边缘，使线条变细。再将"不透明度"调整为40%，对线条的局部进行擦除，以表现明暗变化，如图7-94和图7-95所示。

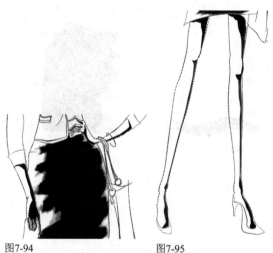

图7-94   图7-95

11 适当调整画笔大小，加粗部分线条，并绘制一些小的阴影，如图7-96所示。

图7-96

7.3.2 绘制其他颜色并添加纹理

01 按住Ctrl键单击"图层"面板底部的 ⊞ 按钮，在"黑色"图层下面创建一个名称为"浅色"的图层，如图7-97所示。将前景色设置为淡黄色（R219，G214，B183）。

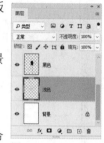

图7-97

02 使用魔棒工具 ✐ 选取裙子、手和腿部，使用"扩展"命令将选区向外扩展1像素。使用画笔工具 ✐ 进行绘制，如图7-98所示。使用橡皮擦工具 ✐ （"硬边圆"笔尖，"不透明度"为50%）修正边缘。按Ctrl+D快捷键取消选择，如图7-99所示。

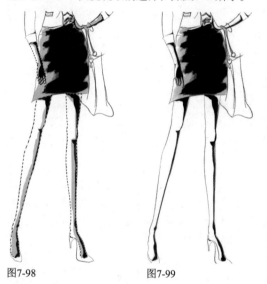

图7-98   图7-99

03 新建名称为"头发及其他"的图层，如图7-100所示。采用同样的方法绘制头发和嘴唇，以及外套里面的衣服，如图7-101所示。

图7-100   图7-101

04 选择"线稿 副本"图层。使用魔棒工具 ✐ 选取上衣，使用"扩展"命令将选区向外扩展2像素，如图7-102和图7-103所示。

图7-102　　　　　　　图7-103

05 将前景色设置为深蓝色（R12，G25，B74）。新建一个名称为"上衣颜色 浅"的图层，如图7-104所示。按Alt+Delete快捷键在选区内填充前景色，然后取消选择，如图7-105所示。

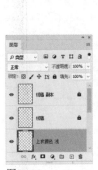

图7-104　　　　　　　图7-105

06 使用橡皮擦工具（"硬边圆"笔尖，"不透明度"为100％）擦除部分颜色，表现出衣服的亮部区域，如图7-106所示。

图7-106

07 执行"滤镜"|"液化"命令，打开"液化"对话框。选择向前变形工具，在上衣颜色的边缘单击，并拖曳光标进行涂抹，制作笔触效果，如图7-107所示。

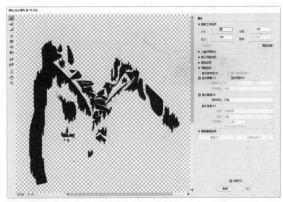

图7-107

08 按住Ctrl键单击该图层的缩览图，载入选区，如图7-108所示。将前景色设置为浅黄色（R250，G246，B228），按Alt+Delete快捷键填色，然后取消选择，如图7-109所示。

图7-108　　　　　　　图7-109

09 按Ctrl+J快捷键复制图层，将得到的图层命名为"上衣颜色 深"，如图7-110所示。采用同样的方法载入选区，并用较深一点的黄色填充，覆盖原来的浅黄色，如图7-111所示。

图7-110　　　　　　　图7-111

10 使用橡皮擦工具（"柔边圆"笔尖，"不透明度"为100％）处理边缘，使其与上一个图层形成层次感，如图7-112所示。

159

图7-112

11 执行"滤镜"|"画笔描边"|"强化的边缘"命令，设置参数，如图7-113所示，通过强化边缘生成特殊笔触，如图7-114所示。

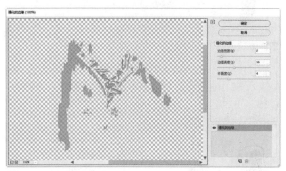

图7-113

图7-114

12 选择"上衣颜色 浅"图层，再一次使用"强化的边缘"滤镜，加强笔触边缘的强度，如图7-115所示。

图7-115

13 按Shift+Ctrl+N快捷键，打开"新建图层"对话框，设置选项如图7-116所示，单击"确定"按钮，在"上衣颜色 深"图层上面创建一个叠加模式的中性色图层，如图7-117所示。

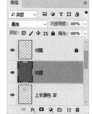

图7-116　　　　　　　　　　　图7-117

技巧

在Photoshop中，黑、白和50％灰都属于中性色。创建中性色图层时，Photoshop会用其中的一种颜色填充图层，并自动为其设置一种混合模式，使图层中的中性色不可见，就像是透明图层一样，不会对其他图层产生影响。

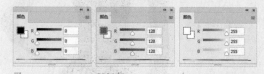

黑　　　　　　　50％灰　　　　　　白

中性色图层可以承载滤镜，这样既有滤镜效果，同时不会破坏原图像，一举两得。中性色图层还可以调整图像的曝光。例如，可以使用画笔工具在中性色图层上涂抹黑、白和各种灰色，或者用减淡工具和加深工具对中性色进行减淡和加深处理。当图层中的中性色变深或变浅时，就不再是中性色了，在混合模式的作用下，就会影响其下方图层中的内容，从而影响图像的明暗和影调。此外，中性色图层还可以添加图层样式。

14 执行"滤镜"|"纹理"|"纹理化"命令，打开滤镜库设置参数，如图7-118所示，将纹理应用在中性色图层上。执行"编辑"|"渐隐纹理化"命令，降低效果的"不透明度"，使其看起来柔和一些，如图7-119和图7-120所示。

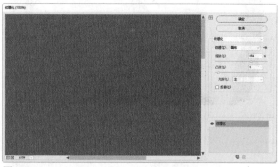

图7-118

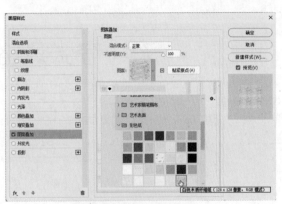

图7-124

图7-119　　　图7-120

15　新建一个名称为"包"的图层，如图7-121所
　　示。使用魔棒工具 ✐ 选择手提包，并对选区进
行扩展（扩展量为1像素）。按Alt+Delete快捷键填充
前景色，如图7-122所示。

图7-125

图7-121　　　图7-122

16　打开"图案"面板菜单，执行"旧版图案及其
　　他"命令，加载该图案库，如图7-123所示。

18　单击"线稿 副本"图层的眼睛图标 👁，将该图
　　层隐藏，如图7-126所示。调整一下各个色块的
形状，完成后的效果如图7-127所示。

图7-123

17　双击"包"图层，打开"图层样式"对话框，
　　添加"图案叠加"效果。单击"图案"选项右
侧的 按钮，打开下拉面板，在"旧版图案及其他"图
案库中找到"彩色纸"图案组，选择其中的"白色木
质纤维纸"图案，为手提包添加该图案，如图7-124和
图7-125所示。

图7-126　　　图7-127

7.4 夸张风格——运动女装

夸张风格的特点是突出表现服饰的局部细节或人体的局部特征，如夸张的人体比例、人体动态、脸部五官等，以突出主题、强调服装的特征并营造绘画风格。夸张的一般规律是：长的更长（如模特的小腿），小的更小（如模特的头），柔软的更加柔软（如丝绸的质感），均匀的更加均匀（如大面积的色泽）。

制作要点：

本实例主要使用钢笔工具绘制人物的轮廓，绘制过程中通过快捷键切换工具来编辑锚点和路径，再用画笔描边路径。此外，还要利用线与线的重叠和线自身的弯折来表现手绘效果的笔触。

7.4.1 绘制线稿

01 新建一个A4大小（210毫米×297毫米、300像素/英寸）的RGB模式文件。新建一个名称为"大轮廓"的图层。按Ctrl+R快捷键显示标尺。将光标移动到水平标尺上，向下拖曳出几条参考线，确定人物头、脚跟以及中点的位置。使用画笔工具✎绘制人的大体轮廓，如图7-128和图7-129所示。

图7-128　　　　　　　图7-129

02 执行"视图"｜"清除参考线"命令，删除参考线。将该图层的"不透明度"设置为30%，如图7-130和图7-131所示。下面以此为绘画参考。

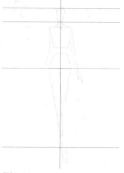

图7-130　　　　　　　图7-131

03 单击"路径"面板底部的 ⊞ 按钮，新建一个路径层。使用钢笔工具 ✐ 绘制人物轮廓，如图7-132所示。注意要根据手绘线条的特点一条一条地绘制，利用线与线的重叠和线自身的弯折来表现手绘的笔触。在绘制过程中，可以按住Ctrl键转换为直接选择工具 ▷ 修改锚点。

图7-136

05 新建名称为"轮廓2"的图层，如图7-137所示。在"画笔设置"面板中单击选择"形状动态"选项，在"控制"下拉列表中选择"钢笔压力"选项，如图7-138所示。将笔尖"大小"设置为3像素，按住Alt键单击"路径"面板底部的 ◯ 按钮，打开"描边路径"对话框，勾选"模拟压力"复选框，如图7-139所示，让描边线条呈现粗细变化，制作出有轻重感的线条，如图7-140所示。

图7-132

04 删除"大轮廓"图层，新建名称为"轮廓1"图层，如图7-133所示。选择画笔工具 ✐ 及"硬边圆"笔尖，设置"大小"为2像素，如图7-134所示。按住Alt键单击"路径"面板底部的 ◯ 按钮，打开"描边路径"对话框，在"工具"下拉列表中选择"画笔"选项，如图7-135所示，单击"确定"按钮，用画笔描边路径，如图7-136所示。

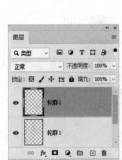

图7-137　　　　　　图7-138

图7-133　　　　　图7-134

图7-135

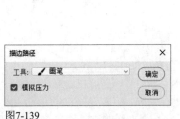

图7-139　　　　　　　　　图7-140

06 为了使描边效果更加清晰，可以按Ctrl+J快捷键两下，复制出两个"轮廓2"图层，如图7-141和图7-142所示。

图7-141

图7-142

7.4.2　上色及添加图案

01 设置前景色（R113，G92，B72）。在"轮廓1"图层下方新建一个图层。使用画笔工具 ✐ 为皮肤上色。颜色要涂在轮廓线范围内，不要超出轮廓，适当保留一些白边看起来会更自然，如图7-143所示。可通过按 [键和] 键调整笔尖大小。

02 将帽子填充为深灰色（R76，G76，B76），衣领填充为豆绿色（R205，G237，B198），衣服填充为橙色（R255，G155，B97），如图7-144所示。在填充颜色时，要为每种颜色单独建立一个图层，便于后期进行加工修改。

图7-143

图7-144

03 将内衣填充为浅灰色（R160，G153，B164），运动裤填充为蓝色（R93，G158，B188），如图7-145所示。填充时边缘可多一些留白。选择涂抹工具 ✐ ，使用"柔边圆"笔尖，"大小"为80像素，设置"强度"为40%，从空白处向颜色区域涂抹，涂抹几下后，再由颜色区域向空白区域涂抹，这样可以使颜色更加均匀，笔触效果更加真实，同时也使衣服显现出动感，如图7-146所示。

图7-145

图7-146

04 双击"运动裤"图层，打开"图层样式"对话框，添加"图案叠加"效果。在"图案"面板菜单"Web图案"组中选择"网点1"图案，设置"缩放"为200%，混合模式为"划分"，如图7-147和图7-148所示。

图7-147

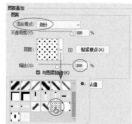
图7-148

05 为靴子填色，颜色比上衣的橙色略红一些。在"背景"图层上方新建一个图层。用画笔工具 ✐ 涂抹大面积的黄色（R243，G246，B127），体现出运动装的动感和活力，如图7-149所示。

图7-149

7.5 动漫风格——少女装

动漫风格的时装画适合表现童装、少男少女服装。其表现形式主要分为冷峻、可爱和搞笑3种。在用线、用色、造型、构图等技巧上，不同的作者有着迥然不同的表达方法。

制作要点：

本实例将以Photoshop的矢量功能——钢笔工具为主完成服装画的绘制。钢笔工具可以绘制形状和路径两种矢量对象。形状的优点是绘制出图形后，其内部可以颜色、渐变或图案来填充，比较省事。路径的优点是可以描边或填色，也便于存储。本实例主要使用形状图层，将人物的不同部位与颜色放置在不同的形状图层上（每个形状图层中都包含一个或几个形状），再通过图层样式表现描边效果。用这种方法绘制的效果图无论在修改轮廓，还是修改填色内容上，都比使用路径操作方便。其缺点是图层的数量较多，但可以借助图层组做好图层的管理工作。

7.5.1 用形状图层表现模特

01 打开素材，如图7-150所示。下面以它为参考绘制轮廓图（如果手绘功底好，可不必借助该素材绘画）。

图7-150

02 选择钢笔工具 ✐ ，在工具选项栏中选择"形状"选项。单击"填充"选项右侧的颜色块，打开下拉面板，单击纯色颜色块，再单击 ■ 按钮，如图7-151所示，打开"拾色器"对话框，将"填充"颜色设置为皮肤色（R253，G231，B202）。绘制面部轮廓，"图层"面板中会自动创建一个形状图层，如图7-152和图7-153所示。

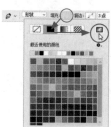

图7-151　　　　　　　图7-152

图7-153

03 双击该形状图层，打开"图层样式"对话框，添加"描边"效果，设置"大小"为2像素，"位置"为"居中"。单击"颜色"右侧的颜色块，打开"拾色器"对话框，设置描边颜色为暗橙色（R221，G104，B51），如图7-154和图7-155所示。

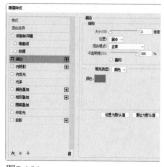

图7-154　　　　　　　图7-155

04 选择"背景"图层。使用钢笔工具 ✐ 绘制耳朵，生成的形状图层会位于"背景"图层上方，如图7-156和图7-157所示。

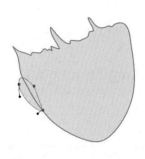

图7-156　　　　　　　图7-157

05 在工具选项栏中选择" ▣ 合并形状"选项，如图7-158所示。绘制另一侧的耳朵，两只耳朵会位于同一个形状图层中，如图7-159和图7-160所示。

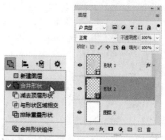

图7-158　　　　图7-159　　　　图7-160

06 按住Alt键，将"形状1"图层右侧的效果图标 *fx* 拖曳到"形状2"图层，如图7-161所示，将"形状1"图层的效果复制给该图层，使耳朵也有同样的描边，如图7-162和图7-163所示。

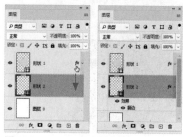

图7-161　　　　图7-162

图7-163

07 绘制眉毛、眼睛和睫毛，如图7-164所示。绘制眼球，如图7-165和图7-166所示。

图7-164 图7-165

图7-166

该形状图层的"不透明度"为50%，如图7-170所示。绘制眼睛的高光，如图7-171所示。

图7-169 图7-170

图7-171

08 双击"眼球"所在的形状图层，打开"图层样式"对话框，添加"渐变叠加"效果，调整渐变颜色，设置渐变角度为−59度，如图7-167和图7-168所示。

10 使用钢笔工具 ✐ 绘制双眼皮。由于双眼皮为开放式路径，没有填充颜色，因此，需要先在工具选项栏中选择"路径"选项，之后在左眼睛上方绘制。在工具选项栏中选择"合并形状"选项，再绘制右眼的双眼皮，如图7-172所示。选择画笔工具 ✐ 及"柔边圆"笔尖，设置"大小"为2像素，如图7-173所示。单击"路径"面板底部的 ○ 按钮，用画笔描边路径，效果如图7-174所示。

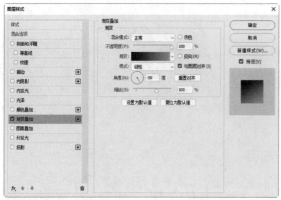

图7-167

图7-172

图7-168

09 选择椭圆工具 ○，在工具选项栏中选择"形状"选项，绘制瞳孔，如图7-169所示。使用钢笔工具 ✐ 绘制眼睛上的反光。在"图层"面板中设置

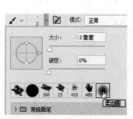

图7-173 图7-174

11 绘制鼻子和嘴巴，使人物的表情显得可爱、俏皮，如图7-175~图7-177所示。

图7-175　　　　　　　　　图7-176

图7-177

12 绘制头发，将生成的形状图层移至底层，如图7-178和图7-179所示。

图7-178　　　　　　图7-179

13 按住Shift键单击最上方的形状图层，将"背景"图层以外的所有图层选取，如图7-180所示，按Ctrl+G快捷键编入图层组。双击图层组名称，在显示的文本框中重新命名为"头部"，如图7-181所示。

图7-180　　　　　　图7-181

7.5.2　绘制衣服

01 绘制人物身体的上半部分，包括上衣、脖子和手，衣领装饰红线，并配有蝴蝶结，如图7-182所示。绘制出衣服的明暗色块，如图7-183所示。

图7-182

图7-183

02 绘制裙子。裙子分为五部分，每部分位于一个单独的形状图层中，将它们编入新的图层组中，如图7-184和图7-185所示（图中的黑线是为使读者能够更清楚裙子的结构，并非"描边"效果）。

 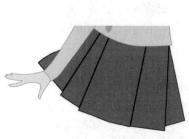

图7-184　　　　　图7-185

03 打开图案素材，如图7-186所示。使用移动工
具 ✥ 将其拖入服装设计效果图文档中。按
Alt+Ctrl+G快捷键创建剪贴蒙版，将图案剪切到裙子
色块中，如图7-187和图7-188所示。

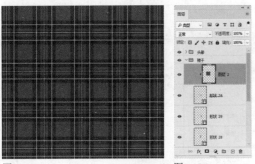

图7-186　　　　　　　　　　　图7-187

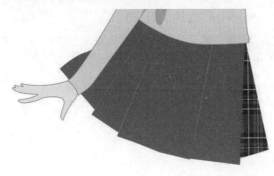

图7-188

04 按Ctrl+T快捷键显示定界框，调整图案的角度，
如图7-189所示，按Enter键确认。用同样的方法
给其他色块添加图案并创建剪贴蒙版，之后调整图案
角度，如图7-190和图7-191所示。绘制裙子上深色的褶
皱，如图7-192所示。

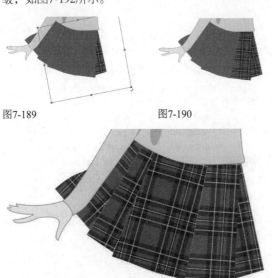

图7-189　　　　　　　　　　图7-190

图7-191

图7-192

05 绘制腿和鞋子，如图7-193所示。表现鞋子的明
暗，如图7-194所示。

图7-193　　　　　　　　　　图7-194

06 图7-195所示为绘制完成的动画风格少女服装。
可以尝试不同的色系，设计出或活泼或淡雅的
风格。图7-196所示为藕荷色系的效果。

图7-195　　　　　　　　　　图7-196

7.6 装饰风格——服装插画

装饰风格是指对人物形象和服装的线条进行高度概括、归纳和修饰，并通过大色块和平面化处理，使画面产生节奏感和秩序感。这种风格通过点、线、面等元素，结合色彩作为表达形式和表达手段，带有强烈的装饰画特点。

制作要点：

本实例学习怎样将绘画类工具和矢量工具相结合进行时装画创作。作品中融合了手绘效果的线，以及装饰风格的块和面，色彩优雅，笔迹简练。

01 新建一个A4大小的RGB模式文档。修改前景色，如图7-197所示，按Alt+Delete快捷键在画布上填色。

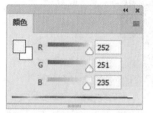

图7-197

02 选择钢笔工具 ◇，在工具选项栏中选择"路径"选项，绘制路径，如图7-198所示。

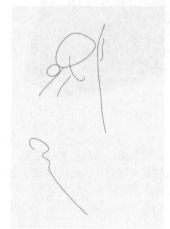

图7-198

03 单击"图层"面板底部的 ▭ 按钮，新建图层组，修改名称为"线稿"，如图7-199所示。单击 ⊞ 按钮，在组中新建一个图层，如图7-200所示。

图 7-199

图 7-200

04 选择画笔工具 ✎，打开工具选项栏中的"画笔"下拉面板菜单，执行"旧版画笔"命令，加载该画笔库，选择"平点中等硬"笔尖，设置"大小"为3像素，如图7-201所示。

图7-201

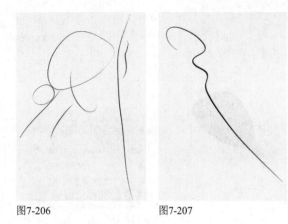

图7-206　　　　　　　图7-207

05 使用路径选择工具 ▶ 单击图7-202所示的路径。
按住Alt键单击"路径"面板底部的 ○ 按钮，
打开"描边路径"对话框，勾选"模拟压力"复选框
项，如图7-203所示，用画笔描边路径。在路径面板空
白处单击，隐藏路径，可以观察描边效果，如图7-204
和图7-205所示。

07 将光标放在图层组前方的图标上，如图7-208所
示，单击关闭组，如图7-209所示。选择钢笔工
具 ◊，在工具选项栏中选择"形状"及" □ 新建图
层"选项，如图7-210所示，绘制黑色头发，如图7-211
所示。单击工具选项栏"填色"选项右侧的颜色块，
打开下拉面板，单击 ■ 按钮，打开"拾色器"对话
框，设置图形的填充颜色，如图7-212所示。

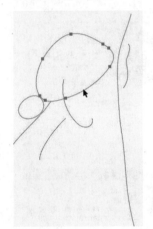

图7-208　　　　　　　图7-209

图7-202　　　　　　　图7-203

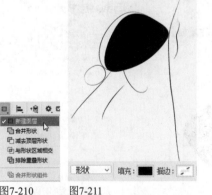

图7-204　　　　　　　图7-205

06 新建几个图层，采用同样的方法选择路径并进
行描边，完成线稿的制作。对脖子和手所绘路
径进行描边时，将画笔的"大小"设置为6像素，让线
条变粗一些，如图7-206所示。画面最下方的路径，用
来体现衣服和身体轮廓，可以将画笔的"大小"设置
为12像素，再进行描边，如图7-207所示。

图7-210　　　　　　　图7-211

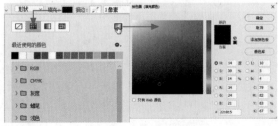

图7-212

08 再绘制头饰，填充颜色为橙色，如图7-213所示。此时会创建两个形状图层，分别承载这两个图形，如图7-214所示。

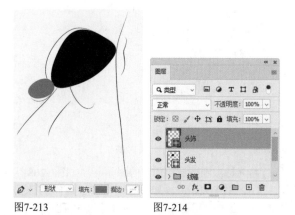

图7-213　　　　　图7-214

09 绘制深红色指甲，如图7-215所示。选择椭圆工具 ○，在工具选项栏中选择"形状"及" 合并形状"选项，如图7-216所示，绘制一个椭圆形作为上嘴唇，再绘制下嘴唇，如图7-217所示。嘴唇与指甲会位于同一个形状图层中，如图7-218所示。

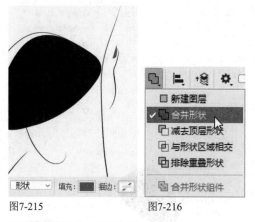

图7-215　　　　　图7-216

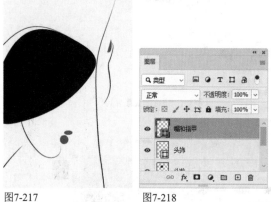

图7-217　　　　　图7-218

10 使用钢笔工具 ∅ 绘制手臂图形，如图7-219所示。按Shift+Ctrl+[快捷键将其移至底层，如图7-220所示。

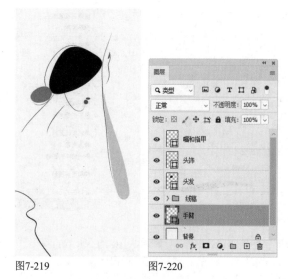

图7-219　　　　　图7-220

11 单击"图层"面板底部的 ▢ 按钮，新建一个图层组，修改名称为"衣服"，如图7-221所示。连按Ctrl+[快捷键将其移至"手臂"图层上方，如图7-222所示。

图7-221　　　　　图7-222

12 使用钢笔工具 ∅ 绘制几个图形，作为衣服，如图7-223~图7-226所示。

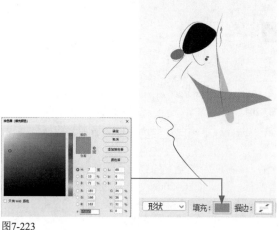

图7-223

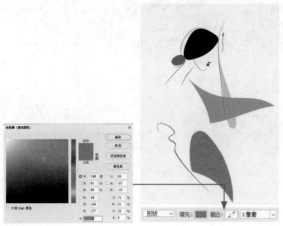

图7-224

图7-227　　　　　　　　　图7-228

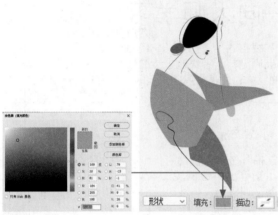

图7-225

图7-229

14 输入一些文字，再使用矩形工具  加一个边框，制作成印章效果，如图7-230所示。

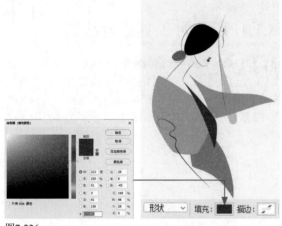

图7-226

13 按住Ctrl键单击这几个衣服图层，将其一同选取，如图7-227所示，设置混合模式为"正片叠底"，让图形互相叠透，如图7-228和图7-229所示。

图7-230

第8章 时装画特殊技法

8.1 临摹法——向大师学习

时装画不仅表达创意思想，同时也注重艺术的欣赏价值和视觉感受。一代又一代的时装画大师不断创新，为人们提供了大量可以学习和借鉴的优秀作品。临摹时装画是初学者快速进步的最好方法，人们可以从不同风格、不同技巧的作品中吸收营养，归纳出自己需要的元素，通过实践掌握绘制时装画的要点与精髓。

制作要点：

这幅时装画人物动态优雅、时尚感强。临摹时先使用钢笔工具绘制轮廓，再通过画笔描边来表现线条。调整笔尖参数时，对"形状动态"使用了渐隐设置，使线条能够呈现由重到轻、如行云流水般自然流畅的效果。

8.1.1 用矢量工具绘制线稿

01 下面临摹韩国著名插画家Enakei的时装画作品，如图8-1所示。按Ctrl+N快捷键打开"新建文档"对话框，创建一个18.5厘米×26厘米、分辨率为300像素/英寸的RGB模式文件。

图8-1

02 单击"路径"面板底部的 ⊞ 按钮，新建一个路径层。首先来绘制线条轮廓，为了便于与之后的路径区分开，在该路径层的名称上双击，显示文本框,修改名称为"线条"，如图8-2所示。选择钢笔工具 ⊘ ，在工具选项栏中选择"路径"选项，绘制人物的动态轮廓线，如图8-3所示。在绘制的过程中，可以按住Ctrl键切换为直接选择工具 ▷ 修改锚点。

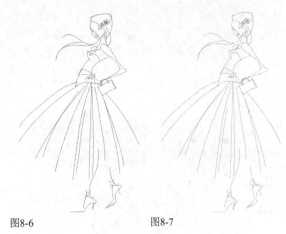

图8-6　　　　　　　　　　图8-7

04 单击"路径"面板底部的 ⊞ 按钮，新建一个路径层，修改名称为"颜色轮廓"，如图8-8所示。选择钢笔工具 ⊘ ，在工具选项栏中选择"🗗 合并形状"选项，绘制出需要填充颜色的区域，这里的小面积和封闭区域除外，如图8-9所示。

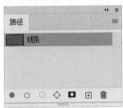

图8-2　　　　　　　　　　图8-3

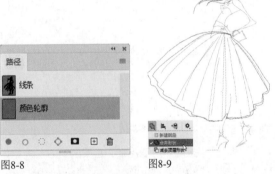

图8-8　　　　　　　　　　图8-9

03 绘制细节线条，如图8-4~图8-6所示。单击"图层"面板底部的 ⊞ 按钮，新建一个图层。选择画笔工具 ✏ （"硬边圆"笔尖，1像素），单击"路径"面板底部的 ○ 按钮，用画笔描边路径。现在画面中的线条将作为下面绘制图形时的参考，如图8-7所示。

05 临时的线条已经不需要了，将其（"图层1"）拖曳到 🗑 按钮上删除。单击 ⊞ 按钮，新建一个图层，修改名称为"线条"，如图8-10所示。在"路径"面板中单击"线条"路径层，如图8-11所示，使用路径选择工具 ▶ 单击图8-12所示的路径段。

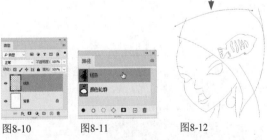

图8-10　　　图8-11　　　图8-12

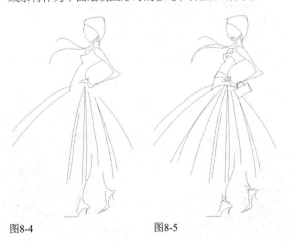

图8-4　　　　　　　　　　图8-5

06 将前景色设置为浅蓝色（R174，G205，B207）。选择画笔工具 ✏ ，选择"硬边圆"笔尖，设置"大小"为4像素，如图8-13所示。在左侧的列表中单击选择"形状动态"选项，在右侧将"大小抖动"的"控制"选项设置为"渐隐"，参数设置为500，如图8-14所示。单击"路径"面板底部的 ○ 按钮，使用调整后的画笔对路径进行描边，制作出头发线条，如图8-15所示。采用同样的方法，分别选取其他头发路径，适当调整画笔大小和渐隐参数，对路径进行描边，如图8-16所示。

图8-13

图8-14

图8-19　　　　　　　图8-20

10 画笔"大小"调整为8像素。按住Alt键单击"路径"面板底部的 ○ 按钮，在打开的对话框中勾选"模拟压力"复选框，如图8-21所示，再次描边耳环路径，耳环线条会呈现粗细变化，如图8-22所示。

图8-15　　　　　　　图8-16

07 将"大小抖动"的"控制"选项恢复为"关"，选取头饰路径，进行描边，如图8-17所示。

图8-21

图8-22

11 采用同样的方法继续描边路径。当用一种画笔式样描边不能达到线条效果时，可以采用绘制耳环的方法，即通过重复描边来达到目的。例如，先将"控制"设置为"渐隐"，进行描边后，设置为"钢笔压力"再次描边，如图8-23所示（背部线条）。图8-24所示的左腿线条则是将画笔"大小抖动"的"控制"恢复为"关"后进行描边，再设置为"钢笔压力"重复描边。绘制完的线条效果如图8-25所示。

图8-17

08 将前景色设置为深棕色（R138，G75，B46），使用路径选择工具 ▶ 选取皮肤的轮廓线条，进行描边处理，如图8-18所示。

09 选取耳环路径，如图8-19所示。在"控制"选项右侧的下拉列表中选择"钢笔压力"选项，如图8-20所示。

图8-18

图8-23

图8-24

图8-25

8.1.2 为人物和服装上色

01 按住Ctrl键单击"图层"面板底部的 ⊞ 按钮，在"线条"图层下方创建一个名称为"粉红1"的图层。将前景色设置为粉红色（R255，G194，B199）。单击"颜色轮廓"路径层，使用路径选择工具 ▶ 选择其中的一个形状图形，如图8-26所示，单击"路径"面板底部的 ● 按钮，填充路径区域，如图8-27所示。

图8-26   图8-27

02 新建"粉红2"图层，采用同样的方法，在另外一个形状路径内填充粉红色，如图8-28和图8-29所示。

图8-28   图8-29

03 选择"粉红1"图层，设置其"不透明度"为38%，如图8-30和图8-31所示。

图8-30   图8-31

04 选择"线条"图层，使用魔棒工具 ✎ 在腰带区域单击，创建选区，如图8-32所示。执行"选择"|"修改"|"扩展"命令，将选区向外扩展1像素，如图8-33所示。选择"粉红2"图层，按Alt+Delete快捷键填充前景色。在鞋子区域也填色，如图8-34所示。

图8-32   图8-33

图8-34

05 新建一个名称为"头发"的图层。将前景色设置为浅黄色（R237，G222，B193）。单击"颜色轮廓"路径层，使用路径选择工具 ▶ 选择其中的头发图形，单击"路径"面板底部的 ● 按钮，填充路径区域，如图8-35所示。

图8-35

06 新建一个路径层，命名为"结构"。使用钢笔工具 ✐ 绘制皮肤区域的形状路径。绘制时应与线条错开一定的区域，使线条显得轻松随意，如图8-36和图8-37所示。

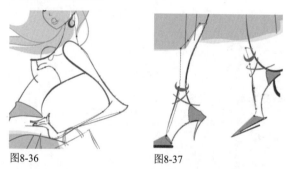

图8-36 图8-37

07 将前景色设置为皮肤色（R241，G212，B198）。单击"路径"面板底部的 ● 按钮，填充路径区域，如图8-38所示。面部的颜色处理可以通过先载入选区，然后扩展选区（扩展量为1像素），再使用画笔工具 ✐ 涂抹的方法来绘制，如图8-39所示。

图8-38 图8-39

08 创建"饰品"图层，采用同样的方法绘制相应的颜色，如图8-40所示。

图8-40

8.1.3 完善细节

01 使用钢笔工具 ✐ 在衣物的褶皱和头发等的转折处绘制轮廓，如图8-41所示。新建一个名称为"结构"的图层，用颜色填充各个结构路径，使得画面更富于变化，如图8-42所示。

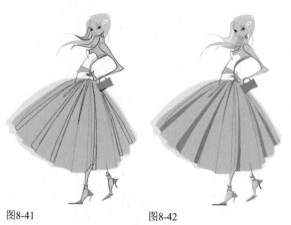

图8-41 图8-42

02 单击"线条"路径层，使用路径选择工具 ▸ 选取其中部分线段路径，如图8-43所示。将前景色设置为白色，采用前面绘制"线条"图层的方法绘制所选路径，如图8-44所示。

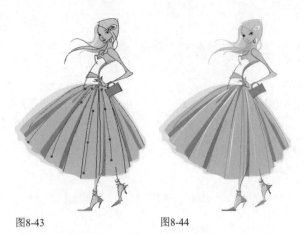

图8-43　　　　　　　图8-44

03 使用橡皮擦工具 ✎ 将遮挡住脸、肩和手的部分颜色擦除，如图8-45～图8-48所示。

图8-45　　　　　　　图8-46

图8-47　　　　　　　图8-48

04 选择"线条"图层，使用魔棒工具 ✦ 选择脸部区域，执行"选择"|"修改"|"扩展"命令，扩展选区（扩展量为1像素）。新建一个"细节"图层，将前景色设置为粉红色（R237，G142，B148）。使用画笔工具 ✎ （"柔边圆"笔尖，"不透明度"为20%，"流量"为100%）在人物的眼睛部位绘制眼部周围的红晕，取消选区后的效果如图8-49所示。使用多边形套索工具 ⚲ 在双肩处创建选区，同样绘制部分红晕，如图8-50所示。

图8-49　　　　　　　图8-50

05 选择一个"硬边圆"笔尖，采用相同的方法绘制面部其他细节及项链，如图8-51所示。使用涂抹工具 ✎ （"强度"为80%）在下眼线处单击，并向下方拖曳光标，拉出眼睫毛，如图8-52所示。

图8-51　　　　　　　图8-52

06 在"结构"图层的下方创建一个名称为"花纹"的图层。将前景色设置为紫色（R196，G109，B142）。用"硬边圆"画笔 ✎ 点出不同大小和颜色的圆点。用橡皮擦工具 ✎ 擦除头饰和腰带轮廓外面的花纹，如图8-53和图8-54所示。

图8-53　　　　　　　图8-54

07 使用橡皮擦工具 ✎ （"硬边圆"笔尖，"不透明度"为10%）处理"线条"图层，如图8-55所示，使线条更富于变化。完成后的效果如图8-56所示。

图8-55　　　　　　　图8-56

8.2 参照法——将图片转换成时装画

参照法是指通过临摹时装图片来绘制时装画。这种方法不仅能启发绘画灵感，也更容易捕捉新颖时尚的人体动态。临摹图片并不是完全依循图片上的客观主体，而应以图片中人物的动态为主，人物的肢体可进行适当夸张，表情和服饰也可以重新塑造。

制作要点:

在参考图片上绘制线稿有助于培养造型能力，快速提升表现力。本实例绘制时主要使用钢笔工具，再通过两种不同的笔尖进行描边，使线条富于变化，模拟手绘效果。面料的制作使用了滤镜，并通过变形处理，使之依照服装的立体结构产生扭曲。

8.2.1 在参考图片上绘制线稿

01 图8-57所示为参照模特。参照法一般先创建一个尺寸超过参照图片的文档（本实例为21厘米×29.7厘米、300像素/英寸），然后使用移动工具 ✛ 将图片拖入。为了能够更加清晰地观看所绘路径，需要将图片所在图层的"不透明度"调低，可以设置为50%，如图8-58和图8-59所示。之后，开始参照图片绘制模特的轮廓。

图8-57

图8-58

图8-59

02 单击"路径"面板底部的 ⊞ 按钮，新建一个路径层。选择钢笔工具 ⌀ 及"路径"选项，描绘人物的轮廓，如图8-60所示。将"图层1"拖曳到面板底部的 🗑 按钮上删除。现在剩下轮廓线，模特看起来会比原图片上胖一点，如图8-61所示。

图8-60　　　　　　　图8-61

8.2.2 让身材变得高挑

01 按照时装画的标准，当前模特的身材不够高挑，在确保身体比例平衡的前提下，可以通过延长脖子、腿的长度，让模特的身材显得修长和舒展。使用路径选择工具 ▶ 选取头部路径，向上移动，如图8-62所示，再选取腿部路径，向下移动，如图8-63所示。

图8-62　　　　　　　图8-63

02 使用直接选择工具 ▶ 在路径的端点单击，如图8-64所示，将其选取之后，向上移动，使其贴近面部的路径，如图8-65所示。

图8-64　　　　　　　图8-65

03 采用同样的方法调整腿部路径，效果如图8-66所示。新建一个图层，修改名称为"轮廓"，如图8-67所示。

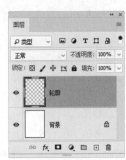

图8-66　　　　　　　图8-67

04 选择画笔工具 ✎ ，在工具选项栏的"画笔"下拉面板中选择"硬边圆"笔尖，"大小"调整为1像素，如图8-68所示。单击"路径"面板底部的 ○ 按钮，用画笔描边路径，效果如图8-69所示。

图8-68　　　　　　　图8-69

05 选择"硬边圆压力大小"笔尖，"大小"调整为4像素，如图8-70所示，单击 ○ 按钮再次描边，使线条产生粗细变化，如图8-71所示。

图8-70　　　　　　　图8-71

8.2.3 上色

01 选择魔棒工具，在工具选项栏中单击"添加到选区"按钮，设置"容差"为20，勾选"对所有图层取样"复选框，如图8-72所示。在人物的皮肤区域单击，创建选区，如图8-73所示。按住Ctrl键单击"图层"面板底部的 ⊞ 按钮，在当前图层下方新建一个图层，修改名称为"皮肤"，如图8-74所示。

图8-72

图8-73　　　　　　图8-74

02 将前景色设置为皮肤色（R253，G212，B235），按Alt+Delete快捷键在选区内填充前景色，如图8-75所示。选择画笔工具（"柔边圆"笔尖，100像素），用略深一点的颜色绘画，表现出皮肤的明暗效果，如图8-76所示。

图8-75　　　　　　图8-76

03 按Ctrl+D快捷键取消选择。继续绘制眼影、眉毛和嘴唇，如图8-77和图8-78所示。

图8-77　　　　　　图8-78

04 下面处理眉毛和头发。眉毛的轮廓线略粗，可以在"图层"面板中选择"轮廓"图层，使用橡皮擦工具将眉梢擦淡，如图8-79所示。绘制头发时依然在"皮肤"图层中操作。可以使用魔棒工具选取头发区域，填充粉红色（R240，G77，B108），如图8-80所示。

图8-79　　　　　　图8-80

05 使用画笔工具在头发上绘制明暗效果，如图8-81所示。新建一个图层，按 [键将笔尖调小，在额头上方绘制，如图8-82所示。

图8-81　　　　　　图8-82

06 选择涂抹工具。打开"画笔"面板，展开"旧版画笔"|"默认画笔"列表，如图8-83所示，选择"粉笔36像素"笔尖，如图8-84所示，在深色笔触上拖曳光标，涂抹出发丝，如图8-85和图8-86所示。按Ctrl+E快捷键将该图层（发丝）与"皮肤"

图层合并。

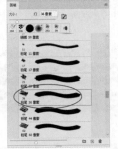

图8-83　　　　　　　　　　图8-84

图8-85　　　　　　　　　　图8-86

提示　Point

涂抹工具 ⍩ 可以拾取单击点的颜色，并将颜色沿拖移方向展开，像手指拖过油漆时呈现的效果。该工具适合处理小范围的图像，面积过大不容易控制，并且处理速度会非常慢。大面积图像最好用"液化"滤镜编辑。

8.2.4　通过变形扭曲上衣花纹

01 用魔棒工具 ⍩ 选取上衣。新建一个图层，填充黑色，如图8-87和图8-88所示。

图8-87　　　　　　　　　图8-88

02 执行"选择"|"修改"|"收缩"命令，将选区向内收缩10像素，如图8-89和图8-90所示。打开图案素材，如图8-91所示。按Ctrl+A快捷键全选，按Ctrl+C快捷键复制。切换到服装设计效果图文档，执行"编辑"|"选择性粘贴"|"贴入"命令，将

图案粘贴到选区内，如图8-92所示，此时会自动生成蒙版，将选区以外的图案隐藏。修改该图层的名称为"上衣花纹"。

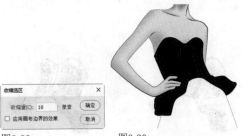

图8-89　　　　　　　　　图8-90

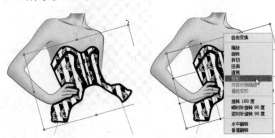

图8-91　　　　　　　　　图8-92

03 按Ctrl+T快捷键显示定界框，将图案向逆时针方向旋转，如图8-93所示。右击，弹出快捷菜单，执行"变形"命令，显示变形网格，如图8-94所示。

图8-93　　　　　　　　　图8-94

04 拖曳锚点，按照衣服的起伏走向扭曲图案，如图8-95所示。按Enter键确认。在该图层的图像缩览图与蒙版缩览图之间单击，将图像与蒙版链接在一起。单击蒙版缩览图，进入蒙版编辑状态，如图8-96所示。

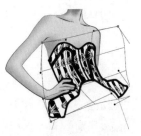

图8-95　　　　　　　　　图8-96

05 使用画笔工具 ✐（"硬度"为60%）在衣服上涂抹黑色，如图8-97所示。设置画笔的"硬度"为0%，"不透明度"为30%，继续涂抹，以减淡图案的显示，如图8-98所示。

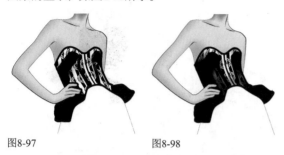

图8-97　　　　　　图8-98

8.2.5　使用滤镜制作裙子花纹

01 新建一个图层。使用矩形选框工具 ▢ 创建选区，填充白色，如图8-99所示。按Ctrl+D快捷键取消选择。执行"滤镜"|"素描"|"半调图案"命令，打开滤镜库，在"图案类型"下拉列表中选择"网点"选项，设置"大小"为12，"对比度"为27，如图8-100所示。

图8-99　　　　　　图8-100

02 按Ctrl+T快捷键显示定界框，按住Shift键拖曳控制点，调整图像的高度，如图8-101所示。按Ctrl+J快捷键复制图层，设置混合模式为"差值"，如图8-102所示。

图8-101　　　　　　图8-102

03 再次打开滤镜库，在"图案类型"下拉列表中选择"直线"选项，如图8-103所示。关闭对话框。按Ctrl+E快捷键将这两个图案合并，效果如图

8-104所示。使用移动工具 ✛，按住Alt键向上拖曳图案进行复制，如图8-105所示，同时会生成一个新的图层，可以再次按Ctrl+E快捷键将图案图层合并。

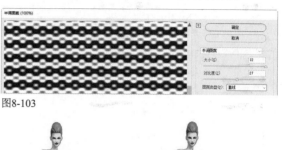

图8-103

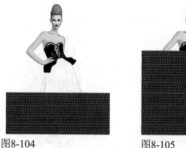

图8-104　　　　　　图8-105

04 按Ctrl+L快捷键打开"色阶"对话框，拖曳黑场滑块，将图案的色调调暗，如图8-106和图8-107所示。

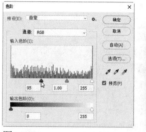

图8-106　　　　　　图8-107

05 新建一个图层，设置混合模式为"叠加"。分别绘制浅黄色与浅蓝色相间的条纹，为图案着色，如图8-108和图8-109所示。按Ctrl+E快捷键将色块合并到图案中。

图8-108　　　　　　图8-109

06 在"图层2"（图案图层）的眼睛图标 👁 上单击，将该图层隐藏。使用魔棒工具 ✐ 选取裙子，创建一个名称为"裙子"的图层，填充黑色。调

整一下图层的排列顺序，让"轮廓"图层依然位于最顶层。显示图案图层并将其选取，按Alt+Ctrl+G快捷键创建剪贴蒙版，如图8-110和图8-111所示。

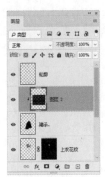

图8-110　　　　　　　图8-111

07 依照裙摆的形状对图案进行扭曲，方法与制作上衣图案相同，在操作前先复制出两个图案图层作为备用。图案的扭曲效果如图8-112所示。使用多边形套索工具 选取多余的区域，按Delete键删除，效果如图8-113所示。再将另外两个图案扭曲成图8-114所示的效果。

图8-112　　　　图8-113　　　　图8-114

08 新建一个路径层。使用钢笔工具 绘制裙子上的装饰线，如图8-115和图8-116所示。

图8-115　　　　　　　图8-116

09 新建一个图层。选择画笔工具 ，在"画笔"面板中展开"DP画笔"组，选择"DP裂纹"笔尖，设置"大小"为50像素，如图8-117所示。将前景色设置为白色，单击"路径"面板底部的 按钮，用画笔描边路径，效果如图8-118所示。

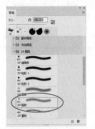

图8-117　　　　　　　图8-118

10 用钢笔工具 绘制耳环和项链路径，如图8-119所示。选择"硬边圆"笔尖，设置"大小"为3像素，"间距"为85%，在左侧列表中分别单击选择"形状动态""散布""颜色动态""平滑"选项，并设置参数，如图8-120~图8-123所示。调整前景色和背景色，用画笔描边路径，效果如图8-124所示。

图8-119　　　　图8-120　　　　图8-121

图8-122　　　　图8-123　　　　图8-124

11 选取鞋子，填充颜色。用多边形套索工具 （"羽化"为3像素）创建选区，填充白色作为高光，如图8-125所示。整体效果如图8-126所示。

图8-125　　　　　　　图8-126

8.3 模板法——基于人物模板快速创作

服装网站及杂志上有大量模特图片，可以用Photoshop软件中的钢笔工具将其描摹下来，建立自己的模板库，以后绘制时装画时，就可在人体模板的基础上快速创作。人物模板只要画出清晰的轮廓，保证身体各部分比例正确即可，面部和发型不必刻画得太细致。创建一个模板后，可以通过改变腿、手臂的位置来创造更多的造型和姿势。

制作要点:

本实例在人物模板上绘制时装画。由于模特素材是现成的资源，可以着重于服装款式、色彩和面料的设计表现。通过形状图层制作裙子，然后在上面叠加图案，再使用图层蒙版和剪贴蒙版，制作面料的透明效果。

8.3.1 在人物模板上绘制服装

01 图8-127所示为使用钢笔工具 ✒ 绘制出的不同姿态和角度的人物模板。打开该素材。

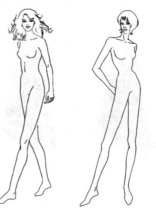

图8-127

02 选择钢笔工具 ✒ 及"形状"选项，在"填充"下拉面板中选择洋红色，如图8-128所示。绘制连衣裙，如图8-129所示。绘制的图形会保存在形状图层上。

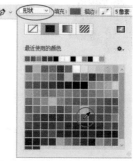

图8-128

图8-129

03 选择油漆桶工具 ◇，在工具选项栏中选择"图案"选项，打开"图案"下拉面板菜单，执行"自然图案"命令，加载该图案库，选择其中的"蓝色雏菊"图案，如图8-130所示。新建一个图层，在画面中单击，填充该图案，如图8-131所示。

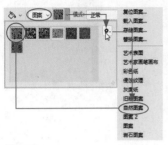 

图8-130　　　　　图8-131

04 设置图层的混合模式为"变暗"，使图案成为裙子的底纹。按Alt+Ctrl+G快捷键创建剪贴蒙版，用裙子图形限定图案的显示范围，如图8-132和图8-133所示。

图8-132　　　　　图8-133

8.3.2 表现面料的透明质感

01 单击"形状1"图层，如图8-134所示，单击"图层"面板底部的 ▢ 按钮，为其添加蒙版，如图8-135所示。

图8-134　　　　　图8-135

提示

在剪贴蒙版组中，如果在基底图层（本实例为"形状1"图层）添加蒙版，则在蒙版中所做的任何操作，都会影响内容图层（本例中的图案图层）。例如，填充渐变后，内容图层也会呈现渐隐效果。而在内容图层中添加蒙版并进行编辑，则只影响其自身，不会让基底图层的效果发生改变。

02 选择渐变工具 ▦，在画面底部填充黑色线性渐变，使裙子底部呈现透明效果，如图8-136和图8-137所示。

图8-136　　　　　图8-137

8.3.3 制作描边与褶皱

01 按住Ctrl键单击路径层的缩览图，如图8-138所示，从路径中加载选区，如图8-139所示。

图8-138　　　　　图8-139

02 新建一个图层，如图8-140所示。将"图层2"拖曳到"图层1"上方，按Alt+Ctrl+G快捷键将其从剪贴蒙版组中释放出来，如图8-141所示。

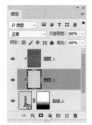
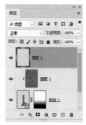

图8-140　　　　　图8-141

03 执行"编辑"｜"描边"命令，打开"描边"对话框，设置描边"宽度"为3像素，位置"居外"，如图8-142所示，单击"确定"按钮关闭对话框。按Ctrl+D快捷键取消选择，如图8-143所示。

图8-142　　　　　图8-143

04 用钢笔工具 绘制裙子左侧的褶皱，如图8-144所示。在工具选项栏中选择"合并形状"选项，继续绘制另外几条褶皱，这样就可以使这些图形位于同一个形状图层中，效果如图8-145所示。

图8-144　　　　　图8-145

05 设置该图层的混合模式为"叠加"，使褶皱融入裙子的色调及花纹中，如图8-146和图8-147所示。

图8-146　　　　　图8-147

06 绘制鞋子，用与裙子描边相同的方法为鞋子描边，如图8-148所示，效果如图8-149所示。

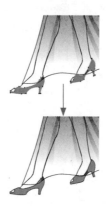

图8-148　　　　　图8-149

技巧

在本实例中，连衣裙绘制在了形状图层上。形状图层不仅具备路径易于修改的特点，还可以转换填充内容。例如，单击形状图层后，选择路径选择工具 ，便可在工具选项栏的下拉面板中选择渐变和图案，或者修改填充颜色。

8.4 绘画与合成——巧用素材

将Photoshop的图像合成功能与绘画工具结合制作时装画，可以突破传统，增强设计的表现力，创造出独特且充满想象力的作品。尤其能节省绘画时间，设计图稿的修改和调整也更加灵活和方便。

制作要点:

本实例主要使用画笔工具绘制轮廓线，并为画面着色。使用橡皮擦工具修饰线条，使线条简练、形象概括。在模特的头饰中，枝干、花朵、树叶和质感喷溅效果是用不同的笔尖表现出来的。

8.4.1 绘制人像

01 新建一个A4大小（210毫米×297毫米）、分辨率为150像素/英寸的RGB模式文件。调整前景

色（R255，G240，B223），按Alt+Delete快捷键填色。新建一个图层，如图8-150所示。选择画笔工具 ✏ 并设置笔尖"大小"为10像素，"硬度"为100%，如图8-151所示。

图8-150　　　　　图8-151

02 人物的轮廓多以直线构成，用概括的方式表现，如图8-152所示。绘制直线时可先在一点单击，之后按住Shift键在另一点单击，两点之间可形成直线。绘制五官和身体时，可以按 [键将笔尖调小。用橡皮擦工具 ✐ （"大小"为10像素，"硬度"为90%）擦拭轮廓线，使线条呈现变化，如图8-153所示。

图8-152　　　　　图8-153

03 用橡皮擦工具 ✐ 仔细擦拭线条，着重刻画五官。用浅灰色绘制眼珠。将笔尖调小，画出瞳孔。线条整理妥当后，使用涂抹工具 ✐ 在眼角、眉梢处顺着笔迹的方向涂抹，进一步刻画眉毛和眼睛的形状，如图8-154所示。将橡皮擦工具 ✐ 的笔尖"大小"调为20像素，"硬度"设置为0%，在眉毛、眼睛、鼻梁和嘴唇上涂抹，对颜色进行减淡处理，使线条显得更加生动。轮廓线也可以这样处理，如图8-155所示。

04 新建一个图层，如图8-156所示。在工具选项栏中设置画笔工具 ✏ 的"大小"为20像素，"硬度"为0%，"不透明度"为10%，在五官上绘制阴影，表现出立体感，如图8-157所示。

图8-154

图8-155

图8-160

图8-161

图8-156

图8-157

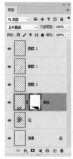

图8-162

图8-163

05 新建一个图层，将其拖曳到"图层1"下方，如图8-158所示。将前景色设置为白色。按] 键将笔尖调大，绘制面部的高光。可以先大范围涂抹，再调小笔尖，"不透明度"设置为60%，画出眼睛、鼻尖和嘴唇上的高光，如图8-159所示。

03 单击"花"图层，之后按住Shift键单击"图层2"，将这两个图层及中间的所有图层同时选取，如图8-164所示，按Ctrl+G快捷键编组。单击 田 按钮，在"组1"上方新建一个图层，如图8-165所示。

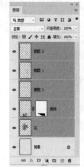

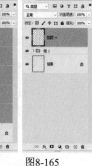

图8-164

图8-165

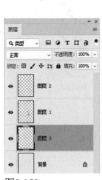

图8-158

图8-159

8.4.2 制作头饰和服装

01 打开素材，如图8-160所示，使用移动工具 ✛ 拖入人物文档，放在"背景"图层上方，作为头饰和衣服使用，如图8-161所示。

02 选择"装饰"图层，设置混合模式为"正片叠底"。单击 ◘ 按钮添加蒙版。使用画笔工具 ✑ 涂抹黑色，将遮挡在脖子上的图像隐藏，如图8-162和图8-163所示。

04 打开"画笔"下拉面板，单击右上角的 ✿· 按钮，打开面板菜单，选择"导入画笔"选项，如图8-166所示，打开"载入"对话框，选择笔尖素材，如图8-167所示，按Enter键确认。

图8-166

图8-167

05 选择"Sampled Brush 7"笔尖，设置模式为"叠加"，"不透明度"为70%，"流量"为70%，如图8-168所示。调整前景色（R173，G126，B166），在花朵上添加笔触效果，如图8-169所示。

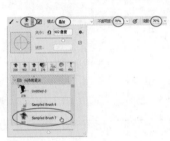

图8-168   图8-169

06 调整前景色（R29，G32，B136），添加蓝色笔触，如图8-170所示。拖曳预览框中的控制点，调整笔尖方向，使接下来绘制的笔触能有所变化。继续绘画，花朵中心的位置可用黑色来表现，由于设置了"叠加"模式，新的笔触与原来的笔触会形成透叠效果，如图8-171所示。

图8-170   图8-171

07 展开"旧版画笔"|"DP画笔"列表，选择"DP裂纹"笔尖，如图8-172所示，绘制黑色和蓝色裂纹，如图8-173所示。为了便于后期修改，可以为每一种笔触效果单独建立一个图层。

图8-172   图8-173

08 在"特殊效果画笔"列表中选择"Kyle的概念画笔–树叶混合2"笔尖，如图8-174所示。将笔尖调大，并重新设置前景色，分别绘制品红、紫红和浅褐色的花朵，如图8-175所示。这个笔尖是通过混合器画笔工具 ✔ 对图像进行拾取，然后定义为画笔的，因此，在选取时会自动切换为混合器画笔工具 ✔ ，但可以像使用画笔工具一样进行绘制。

图8-174   图8-175

09 Photoshop还提供了一个"特殊效果画笔"库，展开"旧版画笔"列表可以看到它，这是以动植物等写实的形象为主的笔尖。选择其中的"漂落藤叶"笔尖，如图8-176所示，绘制一些藕荷色的树叶作为点缀，如图8-177所示。

图8-176   图8-177

10 在"特殊效果画笔"列表中选择"Kyle的喷溅画笔–喷溅Bot倾斜"笔尖，如图8-178所示。通过单击的方法绘制颜料喷溅效果（可调整笔尖大小，使笔触效果有变化）。在人物的嘴唇上涂抹粉色，与头饰和衣服的色彩相呼应，如图8-179所示。

图8-178   图8-179

8.5 概括法——时尚与简约

由于简洁的线条和造型能将模特的姿态和动态表现得更加生动、独特，因此，简约、清晰的风格，可以使时装画更显干净利落、简练而富有时尚感。此种风格的时装画在色彩运用上，也通常简约而不失鲜明，以突出服装的色彩搭配。

制作要点：

本实例主要使用"半湿描油彩笔"笔尖绘制轮廓线并为画面着色。使用橡皮擦工具修饰线条，使线条简练、形象概括，具有非常强的时尚感和装饰性。在制作上装时，为图层设置了"不透明度"，以表现服装面料的轻薄质感，使简洁的服装具有层次感。

01 新建一个A4大小、分辨率为300像素/英寸的RGB模式文件。新建一个图层。选择画笔工具 ✎，在"画笔"下拉面板的搜索栏中输入"半湿描油彩笔"并按Enter键，快速找到该笔尖，设置"大小"为15像素，如图8-180所示。

图8-180

02 以概括的方式绘制人物的五官，如图8-181所示。按] 键将笔尖调大，绘制头发，如图8-182所示。

图8-181　　　　　　　　图8-182

03 绘制身体结构。可先在一点单击，之后在另一位置单击，让两点间以直线连接，如图8-183所示。将衣服区域涂为黑色。按 [键将笔尖调小，着重

刻画眼睛，目光要深邃、传神。用橡皮擦工具 🧽（半湿描油彩笔）将脸部线条擦细，修饰发型，如图8-184所示。

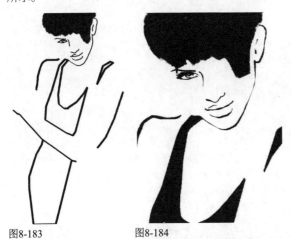

图8-183　　　　图8-184

04 使用橡皮擦工具 🧽 修饰身体轮廓，使线条呈现变化，如图8-185所示。在工具选项栏中设置不"透明度"及"流量"均为50%，如图8-186所示。

图8-185

图8-186

05 将前景色设置为灰蓝色，如图8-187所示。选择画笔工具 🖌，在工具选项栏中设置模式为"正片叠底"，"不透明度"和"流量"均为50%，绘制

眼影和颈部阴影，如图8-188所示。

06 选择多边形套索工具 ⬡，单击工具选项栏中的"添加到选区"按钮 🔲，在背包上创建选区，如图8-189所示。新建一个图层。将前景色设置为洋红色（R255，G5，B151），按Alt+Delete快捷键填色，按Ctrl+D快捷键取消选择，如图8-190所示。

图8-187　　　　图8-188

图8-189　　　　图8-190

07 新建一个图层，设置"不透明度"为80%。创建上衣条纹选区，填充黄色（R255，G248，B56），如图8-191和图8-192所示。

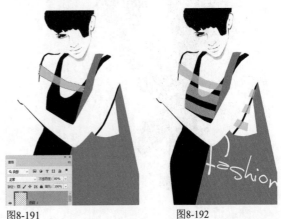

图8-191　　　　图8-192

8.6 再现真实笔触——马克笔效果休闲装

马克笔又称麦克笔，其特点是风格洒脱、豪放，适合快速表现构思。表现马克笔绘画效果时，应体现出运笔的力度，笔触要果断，作画时还要适当留出空白。

制作要点：

本实例主要使用"大油彩蜡笔"笔尖对路径进行描边。操作时要特别注意笔触相交处的形状，超出边缘线的颜色用橡皮擦工具擦除。该工具还可处理笔触的起笔和收笔，以表现手绘效果。笔触的飞白效果则是用涂抹工具处理的。

8.6.1 绘制大色块笔触

01 打开素材，如图8-193所示。这是一个PSD格式的分层文件，"线稿"图层中包含人物轮廓线稿，如图8-194所示。"路径"面板中有人物的"线稿"路径，如图8-195所示。

图8-193　　　　图8-194　　　　图8-195

02 单击"图层"面板顶部的 🔒 按钮，将"线稿"图层锁定，如图8-196所示，以免在上色时将颜色涂到线稿上。按住Ctrl键单击面板底部的 ⊞ 按钮，在"线稿"图层下方创建一个图层，将名称设置为"衣服颜色1"，如图8-197所示。

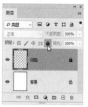

图8-196　　　　图8-197

03 将前景色设置为粉红色（R217，G186，B161）。选择画笔工具 ✎ ，打开"画笔"下拉面板，展开

"旧版画笔"中的"默认画笔"组，并选择笔尖，设置"不透明度"为90%，如图8-198所示。

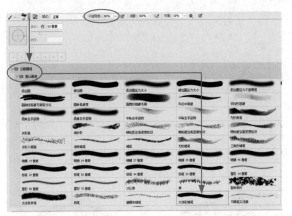

图8-198

提示

设置画笔"不透明度"时，不仅要考虑到笔触之间的交叠，还要兼顾颜色本身的特点，像粉红色这类颜色，"不透明度"设置过低会使颜色变灰而显得没有精神。

04 在衣服区域内绘画，如图8-199所示。绘制过程中不要过分在意超出边缘线的颜色，要注意笔触相交处的形状。使用橡皮擦工具 ✏ 擦除超出边缘线的大部分颜色，并处理笔触的起笔和收笔处，使其更像手绘的笔触，如图8-200所示。

图8-199　　　　　　　　　图8-200

05 选择涂抹工具 ✍ 及"干画笔"笔尖，设置"强度"为80%，如图8-201所示。

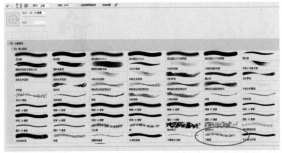

图8-201

06 在每个笔触的尾部涂抹，使其呈现飞白效果，如图8-202所示。选择橡皮擦工具 ✏ ，也使用"干画笔"笔尖，设置工具的"不透明度"为60%，在涂抹处擦拭，如图8-203所示。

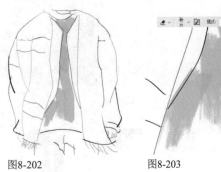

图8-202　　　　　　　　　图8-203

07 新建一个图层，在其余空白处绘画，如图8-204所示。使用橡皮擦工具 ✏ 进行处理。按Ctrl＋E快捷键向下合并图层，效果如图8-205所示。

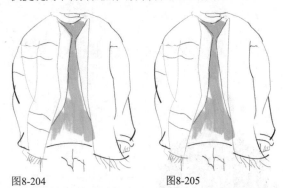

图8-204　　　　　　　　　图8-205

08 采用同样的方法为所有衣服描绘颜色，如图8-206和图8-207所示。

图8-206　　　　　　　　　图8-207

09 单击"路径"面板底部的 ⊞ 按钮，新建一个名称为"辅助"的路径层。使用钢笔工具 ✎ 绘制路径，然后按住Alt键单击面板底部的 ○ 按钮，打开"描边"路径对话框，用涂抹工具 ✍ （"干画笔"笔尖，设置"模式"为"正常"，"强度"为80%）描

边，如图8-208~图8-210所示。可以结合橡皮擦工具 （"干画笔"笔尖，"不透明度"为60%）来完成长段飞白效果的表现。

图8-208　　　　　　　　　　图8-209

图8-210

10 其余部分的颜色采用绘制衣服颜色的方法操作，如图8-211和图8-212所示。

图8-211　　　　　　　图8-212

8.6.2 小细节笔法

01 新建一个名称为"衣服条纹"的图层，如图8-213所示。将前景色设置为淡黄色，参数如图8-214所示。

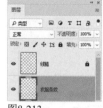 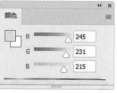

图8-213　　　　　　图8-214

02 选择画笔工具 ，用前面使用过的"大油彩蜡笔"笔尖（"不透明度"为60%）绘制衣服条纹，如图8-215所示。调整画笔"大小"及前景色，绘制深色条纹，如图8-216所示。

图8-215　　　　　　图8-216

03 新建一个图层，修改名称为"亮部、暗部"。绘制脸部及暗部色彩，以增强立体效果，如图8-217和图8-218所示。

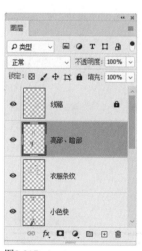 

图8-217　　　　　　图8-218

04 新建一个名称为"粗线条"的图层，如图8-219所示。选择"线稿"路径，选择路径选择工具 ，按住Shift键单击，选取上衣区域中的一些子路径，如图8-220所示。

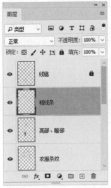

图8-219

图8-220

其呈现手绘的笔触效果，如图8-226所示。

图8-225　　　　　　　　图8-226

05 按D键将前景色恢复为黑色。选择画笔工具 ✐（"大油彩蜡笔"笔尖，"不透明度"设置为100%），调整画笔的"圆度"和"角度"，如图8-221所示。单击"路径"面板底部的 ◯ 按钮，用画笔描边路径，通过加粗线条强调轮廓线，如图8-222所示。

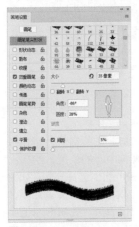

图8-221

图8-222

08 新建一个名称为"影子"的图层。调整画笔的"不透明度"和前景色，绘制一些投影，如图8-227所示。将该图层的"不透明度"设置为60%，让影子变淡，使主体人物更加突出，效果如图8-228所示。

06 单击"辅助"路径层，使用钢笔工具 ⬭ 绘制几条路径，采用同样的方法描边，如图8-223和图8-224所示。

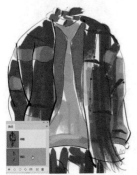

图8-223

图8-224

图8-227　　　　　　　　图8-228

07 使用画笔工具 ✐ 随意涂抹一些小的衣纹线，如图8-225所示。用橡皮擦工具 ◢（"干画笔"笔尖，"不透明度"为60%）擦除绘制好的粗线条，使

8.7 透明技巧——水彩效果晚礼服

水彩画的特点是以薄涂保持其透明性，产生晕染、渗透、叠色等效果，适合表现轻薄柔软的丝绸和薄纱等面料。水彩画色彩鲜艳，充满生气，在一定程度上可以更好地表达造型的活力与动感。

制作要点：

本实例主要使用"半湿描油彩笔"笔尖表现笔触效果，通过调整画笔的"大小""不透明度"和"流量"，绘制出水彩风格的时装画。这种方法能在保持颜色透明特性的同时，体现笔触的叠加效果。在为裙子着色时，需要将墨渍素材定义为画笔，以便增强画笔工具的表现力。

8.7.1 绘制轮廓

01 按Ctrl+N快捷键打开"新建文档"对话框，从预设的选项中创建一个A4大小的文件，如图8-229所示。

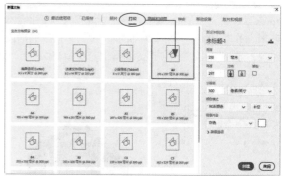

图8-229

02 先来绘制人物的比例结构。在绘制前，新建一个图层，先确定画面视觉中心的位置，绘制出人体动态的中轴线，按照9头身的比例进行分割，如图8-230所示。再新建一个图层，使用画笔工具 ✐ 绘制，如图8-231所示。直线的绘制技巧是，先在画面上单击，然后将光标移到另一处位置，再次单击，两点之间便可连接成一条直线。

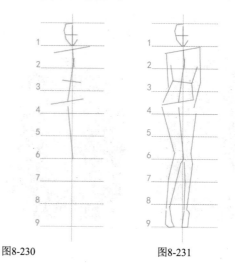

图8-230　　　　　　　　图8-231

03 新建一个图层。打开"画笔"下拉面板，展开"旧版画笔"中的"默认画笔"组，选择"半湿描油彩笔"笔尖，如图8-232所示。绘制人物的眉眼及面部，如图8-233所示。操作时，可通过按 [键和] 键调整画笔工具的大小，之后用较粗的笔尖绘制身体轮廓，如图8-234所示。绘制完成后，可以将"图层1"删除。

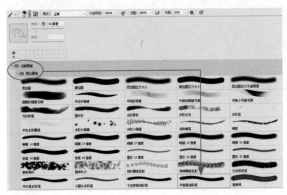

图8-232

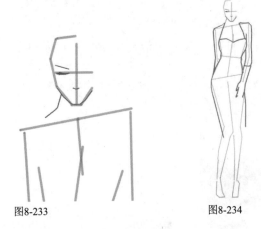

图8-233　　　　　　图8-234

8.7.2 用水彩笔触刻画面部

01 选择橡皮擦工具及"柔边圆"笔尖，设置参数，如图8-235所示。对线条的边缘进行擦除，使线条变细，消除多余的棱角，如图8-236所示。设置工具"大小"为30像素，"硬度"为0%，"不透明度"为30%，在线条上面单击，使线条颜色变浅，形成浓、淡变化，如图8-237所示。

图8-235

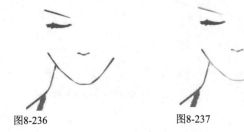

图8-236　　　　　　图8-237

02 选择画笔工具（仍然使用"半湿描油彩笔"笔尖），设置"大小"为10像素，"不透明度"和"流量"均为50%，如图8-238所示。绘制嘴唇、眼影和睫毛，如图8-239和图8-240所示。

图8-238

图8-239　　　　　　图8-240

03 将前景色设置为紫红色。设置画笔工具的"大小"为45像素，"不透明度"和"流量"均为100%，绘制头发，如图8-241所示。将前景色设置为洋红色，调整画笔参数（"不透明度"为30%，"流量"为50%）继续绘制，如图8-242所示。

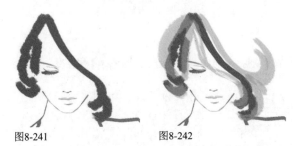

图8-241　　　　　　图8-242

04 分别用橙黄色、黄色、青蓝色绘制头发，颜色淡一些，表现出水彩画的透明感，如图8-243所示。将画笔调小，绘制细节，如图8-244所示。

图8-243　　　　　　图8-244

05 新建一个图层。在头顶点一个浅棕色的点，如图8-245所示。选择涂抹工具及"柔边圆"笔尖，设置"大小"为13像素，"强度"为80%，在色点上拖曳光标，涂抹出一条发丝线，如图8-246所示。

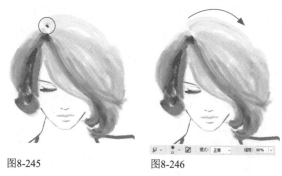

图8-245　　　　图8-246

06 采用同样的方法抹出更多的发丝，如图8-247所示。绘制完成后，可以按Ctrl+E快捷键，将发丝与人物图层合并。

图8-247

8.7.3　通过雕刻法表现轮廓线

01 选择橡皮擦工具 ，在工具选项栏的下拉面板中选择"半湿描油彩笔"笔尖，设置"大小"为50像素。将光标放在肩部轮廓线上，拖曳光标，将线条擦细，使线条更富于变化，不足之处可用画笔工具 修补，如图8-248~图8-251所示。

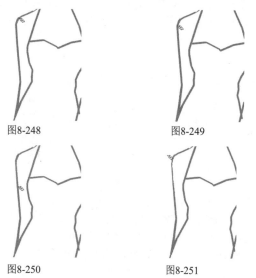

图8-248　　　　图8-249

图8-250　　　　图8-251

02 选择画笔工具 ，用较细的笔尖绘制手套。同样需要使用橡皮擦工具 修饰线条，去除棱角，使线条流畅、自然，如图8-252所示。为皮肤上色，如图8-253所示，颜色不用涂满，使笔触可见。再用青蓝色表现颈部和手臂的暗影，如图8-254所示。

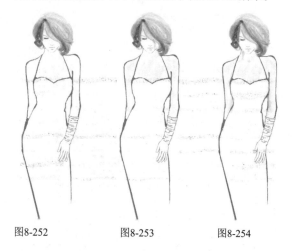

图8-252　　　　图8-253　　　　图8-254

8.7.4　用自定义画笔表现水彩效果

01 打开水墨素材，如图8-255所示。执行"编辑"|"定义画笔预设"命令，在打开的对话框中将画笔命名为"水彩画笔"，如图8-256所示。关闭对话框，将图像定义为画笔。

图8-255　　　　图8-256

02 选择画笔工具 ，"画笔设置"面板中会自动选取自定义的画笔，设置"大小"为300像素，"角度"为−53°，如图8-257所示。在工具选项栏中调整"不透明度"及"流量"，如图8-258所示。在裙子上涂抹蓝紫色，铺设出主体色彩，同时在表达服装的亮度处要留白，如图8-259和图8-260所示。

图8-257　　　　图8-258

图8-259   图8-260

03 选择"硬边圆"笔尖，绘制裙摆，如图8-261所示。用"半湿描油彩笔"笔尖绘制大色块，如图8-262所示。

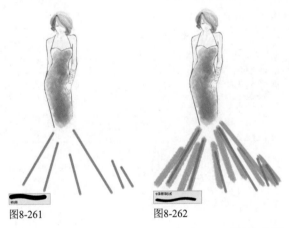

图8-261   图8-262

04 再铺一些粉红色，如图8-263所示。选择橡皮擦工具 ✎ （"半湿描油彩笔"笔尖，"不透明度"为50%），擦除一些色块的颜色，使裙摆呈现纱质的轻薄透明特性，如图8-264所示。

图8-263

图8-264

05 补一些颜色，提高高光，再表现出褶皱处的阴影，通过重复刻画，表现层次和透叠效果，使裙摆呈现立体感。用橡皮擦工具 ✎ 修饰边缘，效果如图8-265所示。

图8-265

06 打开背景素材。使用移动工具 ✛ 将素材拖入服装设计效果图文档中，作为背景，如图8-266所示。

图8-266

8.8 灵活运用画笔——水粉效果休闲装

水粉是以水调和含胶的粉质颜料在纸上作画，颜料含比较多的粉，具有很强的覆盖力，既可平涂，又可用不同的笔绘画，并能够在画面上反复修改。水粉画介于油画和水彩画之间，有其相对的灵活性和多样性，能够细致地再现面料的真实质感，形成较强的写实风格。

制作要点：

本实例主要使用"中号湿边油彩笔"笔尖来表现水粉绘画效果，但需要对画笔的原始参数进行修改，即取消对"湿边"复选框的勾选，以使画笔笔迹干涩，更接近水粉效果。再适当调整画笔的"大小""不透明度"和"流量"。

8.8.1 用湿介质画笔勾线和涂色

01 新建一个A4大小的RGB模式文件。新建一个图层。选择铅笔工具 ✎，使用"硬边圆"笔尖打轮廓线。操作时可按住Shift键绘制直线，描绘出人物的比例结构，如图8-267和图8-268所示。使用橡皮擦工具 ✐ 将多余的线条擦除，如图8-269所示。

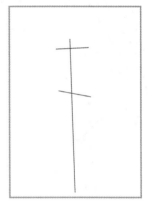

图8-267

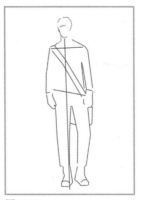

图8-268

图8-269

02 选择画笔工具 ✎，在工具选项栏中设置"流量"为60%。展开"旧版画笔"中的"湿介质画笔"组，选择"中号湿边油彩笔"笔尖，如图8-270所示。打开"画笔设置"面板，取消对"湿边"复选框的勾选，如图8-271所示。

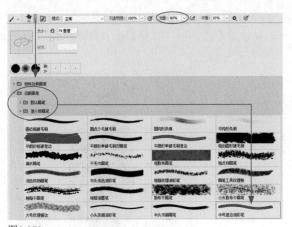

图8-270

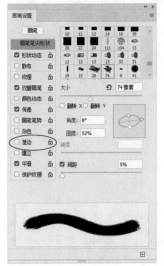

图8-271

03 绘制人物面部，如图8-272所示。按] 键将笔尖调大，以概括的方法绘制头发，使用橡皮擦工具 将多余的线条擦除，如图8-273所示。

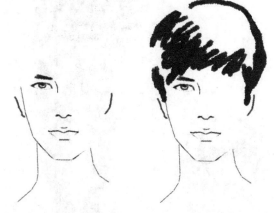

图8-272   图8-273

04 绘制上衣轮廓，预留出包带的位置，如图8-274所示。将上衣涂成黑色，如图8-275所示。

图8-274   图8-275

05 将前景色设置为深绿色，绘制裤子，如图8-276所示。将前景色设置为深灰色。新建一个图层，绘制包带，再用黑色绘制背包的其他部分，如图8-277所示。

图8-276   图8-277

06 将前景色设置为深蓝色。按 [键将笔尖调小，绘制手套，如图8-278所示。

图8-278

07 新建一个图层，绘制运动鞋及鞋带，如图8-279和图8-280所示。

图8-279

图8-280

8.8.2 用透明画笔描绘细节

01 新建一个图层。设置画笔工具 ✐ 的"不透明度"为30%。在"色板"面板中拾取"50%灰色"作为前景色，如图8-281所示，绘制服装的明度区域。裤子可以用比原来填充的深绿色略浅一点的颜色绘制，手套也是如此，如图8-282~图8-284所示。

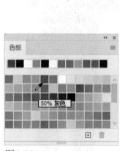
图8-281

图8-282

图8-283

图8-284

02 选择"背景"图层，如图8-285所示。将前景色设置为浅绿色，按Alt+Delete快捷键填色，如图8-286所示。

图8-285

图8-286

03 在"背景"图层上方新建一个图层。将前景色设置为皮肤色，用画笔工具 ✐ 在人物面部涂色，不要涂满，如图8-287所示。最终效果如图8-288所示。

图8-287

图8-288

8.9 制作彩铅线条——舞台服

彩色铅笔画与素描类似，但可以绘制颜色，因而表现力更丰富。使用彩色铅笔绘制时应注重几种颜色的结合使用，色与色之间的绘画交叠形成多层次的混色效果，使画面色调既有变化，又统一和谐。彩色铅笔绘画技法也可以与其他技法结合使用，产生多变的风格，但不适合表现浓重的色彩。

制作要点：

本实例主要使用画笔工具绘制模特，再对素材图片应用滤镜进行处理，作为服装面料的贴图使用。制作出模特整体效果后，使用"彩色铅笔"滤镜对图像进行处理，使画面初步具备手绘效果。再用载入的画笔素材绘制出一排排的铅笔线条，使彩铅效果更加逼真。

8.9.1 绘制写实的头部和手臂

01 新建一个A4大小的RGB模式文件。新建一个图层，修改名称为"模特"。

02 选择画笔工具 ，设置"不透明度"为10%。选择"平头湿水彩笔"笔尖，如图8-289所示。按] 键将笔尖调大，在画面中绘制头部轮廓，如图8-290所示。

图8-289　　　　　　　图8-290

03 选择橡皮擦工具 ，设置"硬度"为50%，如图8-291所示，擦除轮廓的边缘，使这个轮廓更加具体，如图8-292所示。

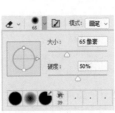

图8-291　　　　　　　图8-292

04 适当调整画笔的"大小"和"不透明度"，仔细绘制面部轮廓线，如图8-293~图8-295所示。

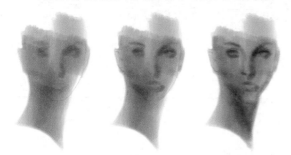

图8-293　　　　图8-294　　　　图8-295

05 按X键将前景色切换为白色，绘制头部的光照区域，如图8-296和图8-297所示。不断调整画笔的"大小""不透明度"和前景色，从概括到具体一步一步深入，绘制出整个头部，如图8-298所示。

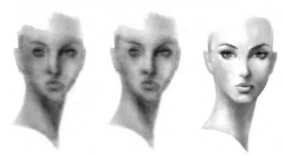

图8-296　　　　图8-297　　　　图8-298

06 采用同样的方法绘制手和头发，如图8-299和图8-300所示。

07 由于设置了画笔的"不透明度"，绘制出来的人物图像的一些区域是有透明度的，添加背景时就会透出来，所以还要进行一些处理。选择多边形套索工具，在工具选项栏中设置"羽化"参数为1像素，围绕着人物轮廓建立选区，如图8-301所示。

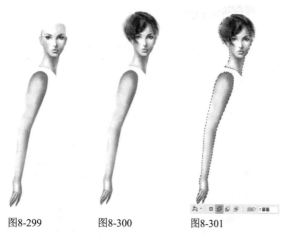

图8-299　　　　图8-300　　　　图8-301

08 在"模特"图层下方新建一个图层。将前景色设置为白色，按Alt+Delete快捷键填充前景色。

按住Ctrl键单击"模特"图层，将它与当前图层同时选取，如图8-302所示，按Ctrl+E快捷键合并，如图8-303所示。

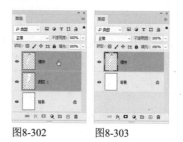

图8-302　　　　图8-303

8.9.2　用滤镜制作图案

01 按Alt+Ctrl快捷键单击"图层"面板底部的按钮，在"模特"图层下方新建一个名称为"衣服"的图层。使用多边形套索工具（"羽化"设为1像素）建立选区，如图8-304所示。将前景色设置为黑色，按Alt+Delete快捷键填色，如图8-305所示。

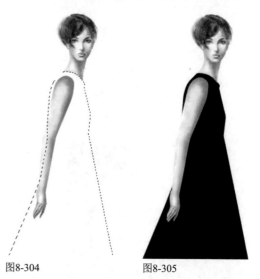

图8-304　　　　　　图8-305

02 打开素材，如图8-306所示。执行"滤镜"|"扭曲"|"极坐标"命令，对图像进行扭曲，生成池塘涟漪状的水纹，如图8-307和图8-308所示。按Ctrl+J快捷键复制当前图层。按Alt+Ctrl+F快捷键再次应用该滤镜，效果如图8-309所示。

图8-306　　　　图8-307

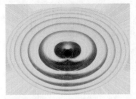
图8-308

图8-309

03 设置图层的混合模式为"线性加深",如图8-310所示。按Alt+Shift+Ctrl+E快捷键,将当前效果盖印到一个新的图层中,如图8-311所示。

图8-310

图8-311

8.9.3 将图案贴到服装上

01 使用椭圆选框工具 ⬭ 选取水纹圆形,如图8-312所示。使用移动工具 ✛ 将选中的图像拖入模特文档,得到一个新的图层,重命名该图层为"图案",如图8-313和图8-314所示。

图8-312

图8-313

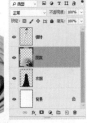
图8-314

02 按Ctrl+T快捷键显示定界框,在工具选项栏中输入旋转角度为-90度,旋转图案,如图8-315所示,按Enter键确认变换。按Ctrl+A快捷键全选,如图8-316所示,执行"图像"|"裁剪"命令,将位于文档窗口以外的图像裁掉。

图8-315

图8-316

03 按Alt+Ctrl+G快捷键创建剪贴蒙版,使图案只在衣服上显示。适当调整图形的位置和大小,如图8-317和图8-318所示。

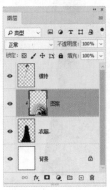
图8-317

图8-318

04 按Ctrl+J快捷键复制当前图层,再按Shift+Ctrl+G快捷键创建剪贴蒙版,如图8-319所示。按Ctrl+T快捷键显示定界框,拖曳控制点,调整图像大小及摆放位置,如图8-320所示。

图8-319

图8-320

05 新建一个名称为"裙子暗部"的图层。按住Ctrl键单击"衣服"图层的缩览图,如图8-321所示,载入选区。使用画笔工具 ✏️("柔边圆"笔尖,"不透明度"为10%)绘制裙子暗部,如图8-322所示。

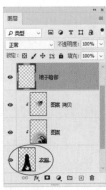

图8-321

图8-322

06 单击"调整"面板中的 ▥ 按钮，创建"色阶"调整图层，拖曳高光滑块，如图8-323所示，对裙子的色调进行调整，如图8-324所示。

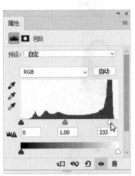

图8-323　　　　　　　图8-324

07 在图层列表顶部创建一个名称为"手镯"的图层。使用画笔工具 ✎（"平头湿水彩笔"笔尖，"不透明度"为20%）绘制手镯，如图8-325所示。按住Shift键单击"衣服"图层，将除"背景"以外的所有图层都选取，如图8-326所示，按Ctrl+E快捷键合并，如图8-327所示。

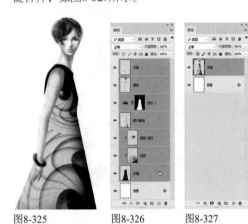

图8-325　　　　图8-326　　　　图8-327

08 按Ctrl+J快捷键复制图层，如图8-328所示。双击图层名称，为这两个图层重新命名，如图8-329所示。

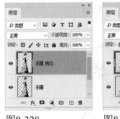

图8-328　　　　　　　图8-329

09 执行"滤镜"|"艺术效果"|"彩色铅笔"命令，将图像处理为手绘效果，如图8-330所示。设置图层的混合模式为"变亮"，"不透明度"为66%，如图8-331和图8-332所示。

图8-330

图8-331　　　　　　　图8-332

10 打开素材，如图8-333所示。使用移动工具 ✛ 将其拖入服装设计效果图文档中。按Shift+Ctrl+[快捷键移至底层，作为背景，如图8-334所示。

图8-333　　　　　　　图8-334

8.9.4　用载入的画笔绘制铅笔线条

01 选择画笔工具 ✎，在工具选项栏中打开"画笔"下拉面板的菜单，执行"导入画笔"命令，如图8-335所示，打开"载入"对话框，"文件名"选择"素描画笔"选项，如图8-336所示。

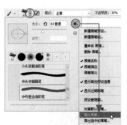

图8-335　　　　　　　图8-336

$O2$ 加载该画笔库后，选择其中的笔尖并设置参数，如图8-337所示。在工具选项栏中设置画笔的"不透明度"为30%，"流量"为50%，如图8-338所示。

图8-337　　　　　图8-338

$O3$ 选择"图层1"，按住Alt键并单击 按钮，添加一个反相（即黑色）蒙版，如图8-339所示。使用画笔工具 在画面右侧绘制线条，像画素描一样排线，如图8-340所示。增加线条的数量，排布在人物周围。图8-341所示为蒙版效果，图8-342所示为图像效果。

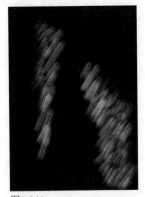

图8-339　　　　　图8-340

图8-341　　　　　图8-342

$O4$ 选择"模特1"图层，单击 按钮，添加一个蒙版，将画笔工具 的"不透明度"设置为70%，在人物裙子的边缘、衣领的灰色区域绘制线条，如图8-343和图8-344所示。

图8-343　　　　　图8-344

$O5$ 打开素材，如图8-345所示。使用移动工具 将其拖入服装设计效果图文档中，设置混合模式为"叠加"，通过这种方法为铅笔线条上色。将"不透明度"设置为60%，使颜色变得薄一些，不要遮盖铅笔线条，如图8-346和图8-347所示。

图8-345　　　图8-346　　　图8-347

$O6$ 由于降低"不透明度"后色彩也会变淡，单击"调整"面板中的 按钮，创建"自然饱和度"调整图层，调整参数，让色彩鲜艳一些，如图8-348和图8-349所示。真实的彩铅的颜色不会像水粉画那么浓重，因此饱和度不宜设置得过高。

图8-348　　　　　图8-349

8.10 画笔与效果——公主裙

晕染是从中国画和水彩画中汲取的一种绘画手法。"晕"是指用水将颜色扩散，使色彩逐渐变淡；"染"则是指两种颜色之间的过渡。晕染法的主要特点是通过水的调和来柔和画面效果，营造柔美朦胧的意境，因此其关键在于水（效果）的运用。

制作要点:

本实例主要使用钢笔工具绘制路径，用"硬边圆压力大小"笔尖进行描边，使线条流畅，并呈现柔和的变化。在表现晕染效果时，使用了混合模式和图层样式（图层样式也称"效果"）。混合模式可以使颜色之间相互叠加，产生颜色渗透效果。图层样式起到了让颜色边缘呈现水渍痕迹的作用。

8.10.1 用路径绘制线稿

01 新建一个A4大小、分辨率为300像素/英寸的RGB模式文件。单击"路径"面板底部的 ⊞ 按钮，新建一个路径层。选择钢笔工具 ✎ 及"路径"选项，绘制头部。绘制头发时，线条要排列得紧密、均匀，如图8-350~图8-352所示。

图8-350　　　图8-351　　　图8-352

02 使用路径选择工具 ▶ 在头发之外的区域向头发处拖曳光标，拖出一个选框，将头发选取，按住Alt键向上拖曳，进行复制，如图8-353所示。按Ctrl+T快捷键显示定界框，拖曳定界框的一角，将路径缩小，然后旋转，如图8-354所示，按Enter键确认。绘制另一侧头发，如图8-355所示。

图8-353　　　图8-354　　　图8-355

03 绘制头上束起的发髻时，可以先绘制一边，再通过复制和水平翻转的方法制作另一边，如图8-356所示。

图8-356

04 绘制身体，如图8-357所示。选择"背景"图层。将前景色设置为浅灰色（R235，G235，B224），按Alt+Delete快捷键填色，如图8-358所示。

图8-357　　　　　　图8-358

8.10.2 用带有压力感的画笔描绘

01 选择画笔工具 ✎ 及"硬边圆"笔尖，设置"大小"为1像素，如图8-359所示。新建一个图层，命名为"轮廓"。将前景色设置为浅蓝色（R147，G192，B229），单击"路径"面板底部的 ○ 按钮，用画笔描边路径，效果如图8-360所示。

图8-359　　　　　　图8-360

02 选择"硬边圆压力大小"笔尖，设置"大小"为4像素，如图8-361所示。将前景色设置为黑色，单击 ○ 按钮再次描边路径，效果如图8-362所

示。在"路径"面板的空白处单击，隐藏路径。

图8-361　　　　　　图8-362

03 使用橡皮擦工具 ✐ 擦掉眼睛和嘴唇的轮廓线，如图8-363所示。使用路径选择工具 ▶，按住Shift键单击所有组成眼睛和嘴唇的路径，将它们选取，如图8-364所示。单击"路径"面板底部的 ● 按钮，用前景色填充路径区域，如图8-365所示。

图8-363　　　　图8-364　　　　图8-365

8.10.3 表现晕染效果

01 选择画笔工具 ✎，展开"旧版画笔"中的"默认画笔"组，选择"半湿描油彩笔"笔尖，如图8-366所示。新建一个图层，调整前景色为黄色（R255，G248，B56），用画笔工具 ✎ 在裙子边缘涂抹，如图8-367所示。

图8-366　　　　　　图8-367

02 设置图层的混合模式为"正片叠底"，"不透明度"为60%，如图8-368和图8-369所示。

图8-368　　　图8-369

03 双击该图层，打开"图层样式"对话框，在左侧列表中选取"内发光"效果，参数设置如图8-370所示，使颜色像是被水冲淡了，逐渐地向外扩散，如图8-371所示。

图8-372　　　　　　　图8-373

图8-374　　　　　图8-375

06 设置该图层的混合模式为"颜色加深"，"不透明度"为60%。按住Alt键将"图层2"的效果图标 *fx* 拖曳给"图层3"，复制效果，如图8-376和图8-377所示。

图8-370　　　图8-371

04 新建一个图层。在裙子上涂抹蓝色（R0，G183，B238），如图8-372所示。设置该图层的混合模式为"正片叠底"，"不透明度"为60%。按住Alt键将"图层1"的效果图标 *fx* 拖曳到"图层2"上，如图8-373所示，释放鼠标左键后，可将效果复制给"图层2"，使新绘制的蓝色也呈现晕染效果，如图8-374所示。

05 接下来的操作与上面的方法相同，只是采用了不同的颜色，混合模式也略有变化。新建一个图层，将前景色设置为深蓝色（R0，G104，B183），为裙子上色，颜色范围可与蓝色略有重叠，但面积不宜太大，如图8-375所示。

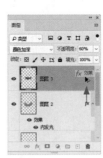

图8-376　　　图8-377

07 新建一个图层。在靠近腰部的区域涂抹深黑蓝色（R16，G9，B100），如图8-378所示。设置图层的混合模式为"颜色加深"，"不透明度"为60%。将"图层3"的效果复制给该图层，效果如图8-379所示。

图8-378 图8-379

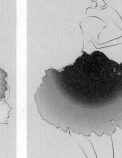

图8-384 图8-385

08 按住Ctrl键单击"图层4"的缩览图，如图8-380所示，从该图层中（即靠近腰部的深黑蓝色裙子）载入选区，如图8-381所示。按住Ctrl+Shift快捷键单击"图层3"的缩览图，将这一图层中的选区添加到现有的选区中，如图8-382和图8-383所示。

10 设置图层的混合模式为"强光"，"不透明度"为72%。按住Alt键将"图层4"的效果图标fx拖曳给该图层，如图8-386和图8-387所示。

图8-380 图8-381

图8-386 图8-387

11 用画笔工具为上衣上色，如图8-388所示。将效果复制给该图层，如图8-389所示。

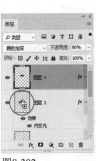

图8-382 图8-383

图8-388 图8-389

09 按住Ctrl+Shift快捷键单击"图层2"和"图层1"，将这两个图层中的选区也添加到现有的选区内，如图8-384所示。选择渐变工具，单击工具选项栏中的"径向渐变"按钮，在选区内填充渐变，如图8-385所示。按Ctrl+D快捷键取消选择。

12 使用前面载入并添加选区的方法，加载裙子的选区。单击"调整"面板中的按钮，基于选区创建曲线调整图层，选区会转换到调整图层的蒙版中，将调整范围限定在原选区内部。向下拖曳曲线，如图8-390所示，将裙子调暗。在面板中选取"蓝"通道，将该通道的曲线也向下拖曳，减少蓝色，同时

增加其补色——黄色，如图8-391和图8-392所示。按
Ctrl+D快捷键取消选择。

所示。

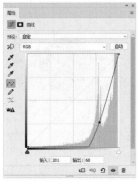
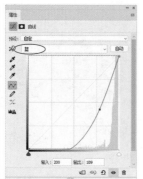

图8-390　　　　　图8-391

图8-392

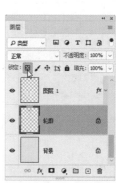

图8-393　　　　　图8-394

14 新建一个图层。将前景色设置为浅绿色（R81，
G200，B195）。用画笔工具 ✏（"半湿描油彩
笔"笔尖，"不透明度"为80%）绘制鞋子。操作时
要一笔即成，切忌反复涂抹，如图8-395所示。用橡皮
擦工具 ◢（"不透明度"为30%）将鞋尖与鞋跟的颜
色擦浅，如图8-396所示。

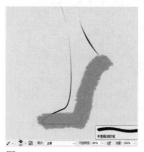
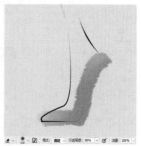

图8-395　　　　　图8-396

15 选择画笔工具 ✏ 及"柔边圆"笔尖，为头发涂抹
黑色，颜色不要涂满，要有虚实变化。设置图层
的"不透明度"为69%，如图8-397和图8-398所示。

图8-397　　　　　图8-398

RGB模式图像的色彩是由红、绿、蓝色光（色
光三原色）混合而成的。这3种色光保存在颜
色通道中。其中，红通道保存红光，绿通道保
存绿光，蓝通道保存蓝光。改变颜色通道中光
线的明、暗，便可以影响色彩，这是一种高级
调色技术。其规律是：将某一颜色通道调亮，
会增加这种颜色，同时减少其补色；调暗，则
减少这种颜色，同时增加其补色。例如，将红
通道调亮，可增加红色，并减少青色。

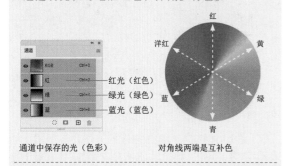

通道中保存的光（色彩）　　对角线两端是互补色

13 选择"轮廓"图层，单击 ▦ 按钮锁定图层的透
明区域，如图8-393所示。用蓝色涂抹裙子的轮
廓线，由于透明区域被锁定，即保护起来，涂抹操作
只修改轮廓线的颜色，不会影响其他区域，如图8-394

16 在"轮廓"图层下方新建一个图层，设置"不
透明度"为60%，如图8-399所示。在皮肤部分
涂白色，颜色应涂在高光位置，并且不要涂满，如图

8-400所示。

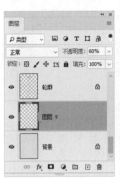

图8-399

图8-400

图8-405

图8-406

03 打开素材，如图8-407所示。将其拖入服装设计效果图文档中。按Shift+Ctrl+[快捷键移至"背景"图层上方，设置混合模式为"线性减淡（添加）"，如图8-408和图8-409所示。

8.10.4 制作领口的蝴蝶装饰

01 在服装设计效果图中，细节的装饰能够丰富画面，起到画龙点睛的作用。下面在裙子的领口添加蝴蝶结。打开素材，如图8-401所示。在"图层"面板中可以看到，素材蝴蝶放在形状图层上，如图8-402所示。也就是说，它是一个矢量图形，因此无论怎样放大或缩小图形都是清晰的。

图8-401

图8-402

图8-407

图8-408

02 使用移动工具 ✛ 将蝴蝶拖入服装设计效果图文档中。按Ctrl+T快捷键显示定界框，调整图形大小并旋转，如图8-403所示。右击，弹出快捷菜单，执行"变形"命令，显示变形网格，如图8-404所示，拖曳锚点扭曲图案，使图案符合身体的角度，如图8-405所示。按Enter键确认，效果如图8-406所示。

图8-403

图8-404

图8-409

215

8.11 双笔尖绘画——拓印效果

拓印是指将棉花、海绵、布等材料加工成一定形状，蘸上颜料之后在画面上涂抹，可形成丰富的肌理。这种手工艺的独特韵味可以为服装设计带来独特的人文气息和个性化特点。

制作要点:

本实例主要使用自定形状工具绘制手的图形，再将其创建为画笔笔尖。通过对笔尖的"形状动态""散布""双重画笔"和"颜色动态"等选项参数的调节，使原本简单的笔尖呈现丰富的变化，用它绘制出拓印效果的笔触。

8.11.1 定义画笔

01 打开素材，如图8-410所示。裙子采用了白描手法，通过线条表现服装的褶皱关系。模特身体和裙子分别位于两个单独的图层中，如图8-411所示。新建一个3.64厘米×4.11厘米、分辨率为300像素/英寸的RGB模式文件，如图8-412所示。

图8-410

图8-411　　　　图8-412

02 选择自定形状工具 ，在工具选项栏中选择"像素"选项，如图8-413所示。打开"形状"面板菜单，执行"旧版形状及其他"命令，加载

Photoshop预设的所有形状。在"物体"形状组中选择"左手"图形，如图8-414所示。

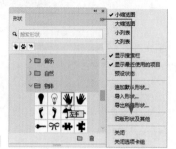

图8-413　　　　图8-414

图8-418　　　　图8-419

03 新建一个图层。按住Shift键（可以保持图形不变形）绘制图形，如图8-415和图8-416所示。

图8-415　　　　图8-416

04 执行"编辑"｜"定义画笔预设"命令，将图形定义为画笔笔尖，如图8-417所示。

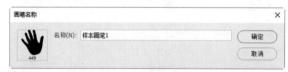

图8-417

图8-420　　　　图8-421

提示 *Point*

自定义画笔时所用的图形应为黑色。如果使用了彩色图形定义画笔后，将绘制出具有透明效果的笔触，即使画笔工具的"不透明度"已经设置为100%，也是如此。

8.11.2 双笔尖绘画

01 在"裙子"图层上方新建一个图层，如图8-418所示。选择画笔工具 ✏️，此时会自动选取新创建的笔尖，设置其"大小"为480像素，"间距"为106%，如图8-419所示。

02 单击选择左侧列表的"形状动态"选项，在右侧选项中设置"大小抖动"和"角度抖动"参数，如图8-420所示。单击选择左侧列表的"散布"选项，设置"散布"和"数量"参数，如图8-421所示。

03 要使用双重画笔，首先要在"画笔笔尖形状"选项组中设置主笔尖，此操作已经完成了（即左手图形笔尖），下面添加第二个笔尖，以便在描绘的线条中呈现两种画笔效果。单击选择左侧列表的"双重画笔"选项，选择60像素的笔尖，设置模式为"正片叠底"，其他参数设置如图8-422所示。单击选择左侧列表的"颜色动态"选项，设置参数，如图8-423所示。

图8-422　　　　图8-423

04 将前景色设置为黄色，背景色设置为豆绿色，如图8-424所示。用画笔工具 ✏️ 在裙子上绘制手形图案，如图8-425所示。

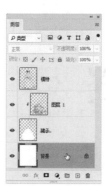

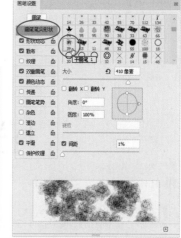

图8-428　　　　　图8-429

图8-424　　　　图8-425

05 按Alt+Ctrl+G快捷键将该图层与它下面的图层创建为一个剪贴蒙版组，将裙子之外的图案隐藏，如图8-426和图8-427所示。

07 设置"不透明度"为50%，"流量"为20%，如图8-430所示。

图8-430

08 将前景色设置为粉色，背景色设置为黄色，如图8-431所示。在画面右侧绘制呈现喷溅质感的笔触，如图8-432所示。

图8-431

图8-426　　　　　图8-427

06 单击"背景"图层，如图8-428所示。单击选择左侧列表的"画笔笔尖形状"选项，选择"干画笔 1"笔尖，设置"大小"为410像素，"间距"为1%，如图8-429所示。

图8-432